高职高专建筑工程类专业"十三五"规划教材

GAOZHI GAOZHUAN JIANZHUGONGCHENGLEI ZHUANYE SHISANWU GUIHUA JIAOCAI

建筑工程测量

JIANZHUGONGCHENGCELIANG

◎主　编　喻艳梅
◎副主编　卢　滔　徐　超　徐龙辉　刘新亮

中南大学出版社
www.csupress.com.cn

内容简介

全书按建筑工程测量作业内容分为概述、测量基础、小地区控制测量、大比例尺地形图测绘与应用、建筑施工测量、建筑物变形观测与竣工测量六个模块，打破传统学科体系的教材编写形式，将"测量规范、技能抽查标准"和"技能抽查题库"的相关内容有机地融入到教材中来，突出实用性和可操作性，帮助学生掌握岗位核心职业能力。同时，考虑到高职学生学习能力与基础的差异，教材编写采用了大量的图表，尽量做到图文并茂，以帮助学生充分理解和掌握所学内容。本书配有多媒体教学电子课件。

本书可作为高等职业院校、成教、网络学院、电大土木类专科建筑工程测量课程的教材，也可作为建筑工程施工单位岗位培训用教材或参考书，还可作为其他有关专业工程测量的技术人员的参考用书。

出版说明 INSTRUCTIONS

  为了深入贯彻全国教育大会精神，落实《国家职业教育改革实施方案》（国发〔2019〕4号）和《职业院校教材管理办法》（教材〔2019〕3号）有关要求，深化职业教育"三教"改革，全面推进高等职业院校土建类专业教育教学改革，促进高端技术技能型人才的培养，依据国家高职高专教育土建类专业教学指导委员会《高等职业教育土建类专业教学基本要求》和国家教学标准及职业标准要求，通过充分的调研，在总结吸收国内优秀高职教材建设经验的基础上，我们组织编写和出版了这套职业教育土建类专业创新教材。

  职业教学改革不断深入，土建行业工程技术日新月异，相应国家标准、规范，行业、企业标准、规范不断更新，作为课程内容载体的教材也必然要顺应教学改革和新形式的变化，适应行业的发展变化。教材建设应该按照最新的职业教育教学改革理念构建教材体系，探索新的编写思路，编写出版一套全新的、高等职业院校普遍认同的、能引导土建专业教学改革的系列教材。为此，我们成立了创新教材编审委员会。创新教材编审委员会由全国30多所高职院校的权威教授、教学负责人、专业带头人及企业专家组成。编审委员会通过推荐、遴选，聘请了一批学术水平高、教学经验丰富、工程实践能力强的骨干教师及企业工程技术人员组成编写队伍。

  本套教材具有以下特色：

  1. 教材符合《职业院校教材管理办法》（教材〔2019〕3号）的要求，以习近平新时代中国特色社会主义思想为指导，注重立德树人，在教材中有机融入中国优秀传统文化、四个自信、爱国主义、法治意识、工匠精神、职业素养等思政元素。

  2. 教材依据教育部高职高专教育土建类专业教学指导委员会《高职高专土建类专业教学基本要求》及国家教学标准和职业标准（规范）编写，体现科学性、综合性、实践性、时效性等特点。

  3. 体现"三教"改革精神，适应职业教学改革的要求，以职业能力为主线，采用行动导向、任务驱动、项目载体，教、学、做一体化模式编写，按实际岗位所需的知识能力来选取教材内容，实现教材与工程实际的零距离"无缝对接"。

4. 体现先进性特点，将土建学科发展的新成果、新技术、新工艺、新材料、新知识纳入教材，结合最新国家标准、行业标准、规范编写。

5. 产教融合，校企双元开发，教材内容与工程实际紧密联系。教材案例选择符合或接近真实工程实际，有利于培养学生的工程实践能力。

6. 以社会需求为基本依据，以就业为导向，有机融入"1+X"证书内容，融入建筑企业岗位(八大员)职业资格考试、国家职业技能鉴定标准的相关内容，实现学历教育与职业资格认证的衔接。

7. 教材体系立体化。为了方便教师教学和学生学习，本套教材建立了多媒体教学电子课件、电子图集、教学指导、教学大纲、案例素材等教学资源支持服务平台；部分教材采用了"互联网+"的形式出版，读者扫描书中的二维码，即可阅读丰富的工程图片、演示动画、操作视频、工程案例、拓展知识等。

高职高专建筑工程类专业"十三五"规划教材

编 审 委 员 会

前 言 PREFACE

建筑工程测量课程是建筑工程类专业的一门专业基础课程，具有很强的实践性。随着我国现代化建设进程的推进，建筑业得到迅猛的发展，按照《高职建筑工程类专业"十二五"规划(基于专业技能培养)教材建设筹备会会议纪要》、《关于组织编写高职建筑工程类"十二五"规划(基于专业技能培养)系列教材的方案》等相关要求编写了本教材。

本教材编写以湖南省建筑工程技术专业技能抽查标准、工程测量规范等新标准为引领，以"项目"为载体，任务驱动，教材编写紧紧围绕建筑施工一线现场的职业活动，合理确定教学内容，做到实用、够用、好学、会用，避免教材内容"过多、过深、过难"，重在培养学生的职业岗位能力。

本教材由湖南工程职业技术学院喻艳梅老师任主编，全书分六个项目。项目 0 由湖南有色金属职业技术学院徐龙辉老师编写，项目 1 由湖南水利水电职院徐超老师编写，项目 2 由怀化职业技术学院的孟翔宇老师和湖南工程职业技术学院喻艳梅老师共同编写，项目 3 由湖南工程职业技术学院的喻艳梅老师和广东交通职业技术学院刘新亮老师编写，项目 4 由常德职业技术学院的卢涛老师编写，项目 5 由湖南工程职业技术学院的彭华老师编写。

全书建议采用 72 学时。

由于编者水平有限，书中如有不足之处，请读者批评指正，以便修订时改进。如读者在使用本书过程中有其他意见和建议，敬请与 yuyanmei2004@126.com 联系。

编 者

目 录 CONTENTS

项目0　概述 ………………………………………………………………… （1）

　　任务0.1　测量学简介 ………………………………………………… （1）

　　　　0.1.1　测量学及其分类 ………………………………………… （1）

　　　　0.1.2　测量工作的基本内容 …………………………………… （1）

　　　　0.1.3　测量工作的基本原则 …………………………………… （2）

　　任务0.2　工程测量的任务和作用 …………………………………… （2）

　　　　0.2.1　工程测量的任务 ………………………………………… （2）

　　　　0.2.2　工程测量的作用 ………………………………………… （3）

　　　　0.2.3　建筑工程测量的任务 …………………………………… （4）

　　任务0.3　现代测量技术（3S技术）简介 …………………………… （4）

　　　　0.3.1　GNSS测量技术简介 …………………………………… （4）

　　　　0.3.2　GIS技术简介 …………………………………………… （5）

　　　　0.3.3　遥感技术简介 …………………………………………… （6）

　　任务0.4　本课程的内容和特点 ……………………………………… （6）

　　　　0.4.1　建筑工程测量课程的内容 ……………………………… （6）

　　　　0.4.2　建筑工程测量课程的特点 ……………………………… （7）

　　［思考与练习］ ……………………………………………………… （7）

项目1　测量基础 ………………………………………………………… （8）

　　任务1.1　确定地面点位 ……………………………………………… （8）

　　　　1.1.1　地球形状与大小 ………………………………………… （8）

　　　　1.1.2　测量工作的基准面和基准线 …………………………… （9）

　　　　1.1.3　确定地面点位 …………………………………………… （9）

　　任务1.2　测量坐标系统和高程系统 ……………………………… （10）

　　　　1.2.1　测量坐标系统 ………………………………………… （10）

　　　　1.2.2　测量高程系统 ………………………………………… （14）

　　任务1.3　用水平面代替水准面的限度 …………………………… （15）

　　任务1.4　测量误差基本知识 ……………………………………… （17）

　　　　1.4.1　测量误差及其分类 …………………………………… （17）

　　　1.4.2　衡量精度的指标 ……………………………………………………（19）

　　〔思考与练习〕……………………………………………………………………（20）

项目2　小地区控制测量 ………………………………………………………（22）

　任务2.1　小地区平面控制测量 …………………………………………………（22）

　　　2.1.1　平面控制测量概述 …………………………………………………（22）

　　　2.1.2　测量水平角 …………………………………………………………（24）

　　　2.1.3　测量距离 ……………………………………………………………（40）

　　　2.1.4　平面控制测量 ………………………………………………………（45）

　任务2.2　小地区高程控制测量 …………………………………………………（56）

　　　2.2.1　高程控制测量概述 …………………………………………………（56）

　　　2.2.2　水准测量 ……………………………………………………………（56）

　　　2.2.3　三角高程测量 ………………………………………………………（75）

　　〔思考与练习〕……………………………………………………………………（81）

项目3　大比例尺地形图测绘与应用 …………………………………………（84）

　任务3.1　测绘大比例尺地形图 …………………………………………………（84）

　　　3.1.1　识读地形图 …………………………………………………………（84）

　　　3.1.2　地形图分幅与编号 …………………………………………………（96）

　　　3.1.3　绘制坐标方格网与展绘控制点 ……………………………………（100）

　　　3.1.4　测绘大比例尺地形图 ………………………………………………（102）

　任务3.2　地形图应用 ……………………………………………………………（113）

　　　3.2.1　地形图的基本应用 …………………………………………………（113）

　　　3.2.2　地形图的工程应用 …………………………………………………（116）

　　〔思考与练习〕……………………………………………………………………（120）

项目4　建筑施工测量 …………………………………………………………（122）

　任务4.1　民用建筑施工测量 ……………………………………………………（122）

　　　4.1.1　施工测量基础 ………………………………………………………（122）

　　　4.1.2　施工控制测量 ………………………………………………………（127）

　　　4.1.3　民用建筑施工测量 …………………………………………………（131）

　任务4.2　工业建筑施工测量 ……………………………………………………（144）

　　　4.2.1　编制厂房矩形控制网测设方案 ……………………………………（144）

　　　4.2.2　厂房施工测量 ………………………………………………………（144）

　　　4.2.3　管道施工测量 ………………………………………………………（147）

　　〔思考与练习〕……………………………………………………………………（148）

项目5　建筑物变形观测与竣工测量 ··· (149)

　　任务5.1　建筑物变形观测 ··· (149)

　　　　5.1.1　建筑物变形监测内容、方法及要求 ··· (150)

　　　　5.1.2　建筑物沉降观测 ··· (153)

　　　　5.1.3　建筑物的倾斜观测 ··· (156)

　　　　5.1.4　建筑物裂缝和挠度监测 ·· (158)

　　任务5.2　竣工测量 ··· (164)

　　　　5.2.1　竣工测量 ··· (164)

　　　　5.2.2　编绘竣工总平面图 ··· (165)

　　[思考与练习] ·· (166)

附　录 ··· (167)

　　附录1　技能抽查标准工程测量模块要求与评分标准 ································· (167)

　　附录2　技能抽查工程测量模块试题样例 ··· (167)

参考文献 ·· (174)

项目 0　概述

【素质目标】

有爱国主义精神，有保密意识；具有与人沟通的能力。

【知识目标】

通过本项目的学习，了解测量学及分类；知道测量工作的基本内容和基本原则；了解工程测量的任务和作用；了解现代测量技术。

任务0.1　测量学简介

随着科学技术的进步，测绘科学在国民经济建设中的作用日趋增大。工程建设项目越来越多，规模越来越大，内容也越来越复杂，对测量工作的要求也就越来越高。

0.1.1　测量学及其分类

测量学是研究地球形状、大小，确定地面点位以及对空间点位信息进行采集、处理、储存、管理的科学。按照研究的对象、范围和技术手段的不同，可以分为以下几个分支学科。

1. 大地测量学

它的任务是研究地球的形状与大小，解决地球重力以及建立大地控制网问题。

2. 地形测量学

研究地球表面上较小面积，局部地区的测量学。

3. 摄影测量学

研究利用摄影或遥控技术来获得地球表面上地貌和地物的影像，并绘制地形图的理论与方法。摄影测量学又分为水下摄影测量、地面摄影测量、航空摄影测量和遥控测量。

4. 工程测量学

主要研究城市建设、矿山与工厂、水利水电、农林牧业、铁道交通、地质矿产等领域在勘测设计、建设施工、施工验收、生产经营与形变勘测等方面的测绘工作。

5. 海洋测绘学

以海洋和陆地水域为对象，研究航道、港口、码头、河流水系、水下地形测量及海图绘制的理论、技术和方法的学科。

6. 地图制图学

以地图的制作理论、原理、工艺技术和应用为研究对象的一门学科。主要包括地图编制、地图投影、整饰、印刷等。

0.1.2　测量工作的基本内容

测量工作的基本问题是确定点位。测量工作的任务主要是测定和测设（放样），归根到底是确定点位的问题。

通常地面上点的坐标和高程不是直接测量的，而是通过观测有关要素后计算得出。在实际工作中，常根据测区内或附近区域内已知点的高程和坐标，测出这些已知点和未知点之间的关系，然后确定未知点的高程和坐标。

确定点位的三要素：角度、距离、高程。

水平距离、水平角和高程是确定地面点相对位置关系的三个基本要素，测量地面点的水平距离、水平角和高程是测量的基本工作。

测定点位的常用方法有：地面几何测量定位、摄影测量定位、GPS 卫星定位。

0.1.3　测量工作的基本原则

测量工作中由于测量仪器、人为观测因素及外界观测环境的影响，使得测量结果带来一定的误差。为了防止测量误差的传递，避免误差累计超过容许值，要求测量工作遵循以下原则：

原则 1：由整体到局部，由高级到低级，先控制后碎部。

以测绘地形图为例阐述此原则的应用，如图 0 - 1 所示，由于 A 点只能测量附近的地物和地貌，对于远处的地物和地貌观测不到，因此，需要在若干点上分区进行观测，最后才能拼成一幅完整的地形图。在实际测量时，应在测区范围内选择若干个控制点，如 A、B、C、D、E，用严密的方法、高精度的仪器测定这些控制点的平面坐标和高程，然后再观测周边的地物和地貌。这样可以控制测量误差的大小和传递，使得整个测区的地形图精度均匀，故应统一测区坐标；减少误差的积累，保证测区成果的精度；可以分区作业，加快进度。

原则 2：前一步工作未经校核不能进行下一步工作。

遵守这个原则是为了保证成果的正确性。

任务 0.2　工程测量的任务和作用

0.2.1　工程测量的任务

工程建设一般都要经过规划设计、施工建设和运营管理三个阶段，每个阶段都要按需要进行各种不同目的、不同要求的测量工作。工程测量的任务主要包括测定、测设和变形观测三个部分。

测定是指运用各种测量仪器和工具，通过测量、计算，进而获得地面点位的数据；或者把地球表面的地形按照一定的比例尺缩绘成地形图，供给工程建设使用。

测设也称作施工放样，它是将图纸上设计好的建（构）筑物的平面坐标、高程用测量仪器按照一定的测量方法在地面上进行标定，并作为施工的依据。

变形观测是指建筑物在施工过程和后期运营阶段，需要对建筑物的稳定性和变化情况进行监测，以确保建筑物的安全。

故工程测量有测绘大比例尺地形图、建（构）筑物的施工放样、绘制竣工总平面图和观测建筑物的沉降和变形四个方面的任务。

(a)

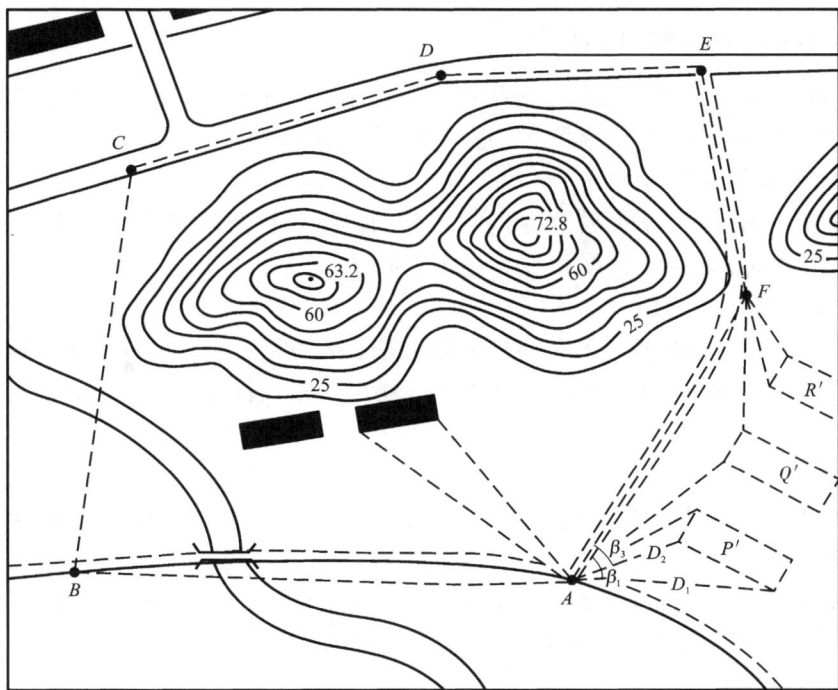

(b)

图 0 - 1 测绘地形图

(a)实地地物地貌；(b)地形图

0.2.2 工程测量的作用

测绘技术和成果应用十分广泛，对于国民经济建设、国防建设和科学研究起着十分重要的作用。国民经济建设发展的整体规划，城镇和工矿企业的建设与改（扩）建，交通，水利水电，各种管线的修建，农业、林业、矿产资源等的规划、开发、保护和管理，以及灾情监测等都需要测量工作；在国防建设中，测绘技术对国防工程建设、战略部署和战役指挥、诸兵种协同作战、现代化技术装备和武器装备应用等都起着重要作用；对于空间技术研究、地壳形变、海岸变迁、地壳运动、地震预报、地球动力学、卫星发射与回收等科学研究方面，测绘信息资料也是不可缺少的。同时，测绘资料是重要的基础信息，其成果是信息产业的重要组成部分。在土木工程中，测绘科学的各项高新技术，已在或正在土木工程各专业中得到广泛应用。在规划设计阶段，各种比例尺地形图、数字地形图或有关 GIS（地理信息系统），用于城镇规划设计、管理、道路选线以及总平面和竖向设计等，以保障建设选址得当，规划布局科学合理；在施工阶段，特别是大型、特大型工程的施工，GPS（全球定位系统）技术和测量机器人技术已经用于高精度建（构）筑物的施工测设，并适时对施工、安装工作进行检验校正，以保证施工符合设计要求；在工程管理方面，竣工测量资料是扩建、改建和管理维护必需的资料。对于大型或重要建（构）筑物还要定期进行变形监测，以确保其安全可靠；在土地资源管理方面，地籍图、房产图对土地资源开发、综合利用、管理和权属确认具有法律效力。因此，测绘资料是项目建设的重要依据，是土木工程勘察设计现代化的重要技术，是工程项目顺利施工的重要保证，是房产、地产管理的重要手段，是工程质量检验和监测的重要措施。

0.2.3 建筑工程测量的任务

建筑工程测量服务于建筑工程建设的每一个阶段，其任务主要包括：布设建筑施工控制网、测绘大比例尺地形图、施工测量、变形监测和竣工测量五项内容。

1. 布设建筑施工控制网

施工测量要求精度高，需要建立专门的控制网。施工控制网布设的方法主要有导线网、三角形网、建筑基线、建筑方格网和 GPS 施工控制网。

2. 测绘大比例尺地形图

测绘地形图是通过测量仪器和一定的测绘方法，按一定的比例尺将作业区域内的地物和地貌按垂直投影的方法投影到平面上，并用统一规定的图式符号表达，作为规划设计的必需的参考资料。

3. 施工测量

施工测量就是按照设计部门设计的图纸来在实地进行放样，指导施工人员作业。

4. 变形监测

变形监测是在建筑工程施工和运营管理阶段进行的测量工作，包括建筑物的位移观测、沉降观测、倾斜观测和裂缝观测等内容，以保障建筑物的安全。

5. 竣工测量

竣工测量是全面检核工程建筑与设计图的符合情况，为工程竣工验收或进行改建、扩建提供必要的可靠的真实数据和资料。

任务0.3 现代测量技术(3S 技术)简介

0.3.1 GNSS 测量技术简介

GNSS 系统是 Global Navigation Satellite System 的缩写，即全球卫星导航系统。GPS 是全球定位系统 Global Positioning System 的缩写，1973 年，美国开始研制了全球性卫星定位和导航系统。GPS 导航定位系统不但可以用于军事上各种兵种与武器导航定位，还在民用上也发挥着重大作用。尤其是在大地测量、城市和矿山控制测量、建筑物变形测量、水下地形测量等方面得到了广泛的应用。

GPS 系统主要由空间星座、地面监控、用户设备三大部分组成。

（1）空间部分

空间部分即 GPS 卫星，由 24 颗 GPS 卫星组成，其中有 21 颗工作卫星，3 颗备用卫星，均匀分布在 6 个轨道面上，每个轨道上有 4 颗卫星，如图 0 - 2 所示。

卫星同时在地平线以上的情况至少为 4 颗，最多的时候可达 11 颗。这样的分布方案既可以保证在世界的任何地方、任何时间都可以进行三维定位，又可以获得它们的移动速度和方向等。

（2）地面监控部分

地面控制部分由主控站、注入站和监测站组成。主控站一个，设在美

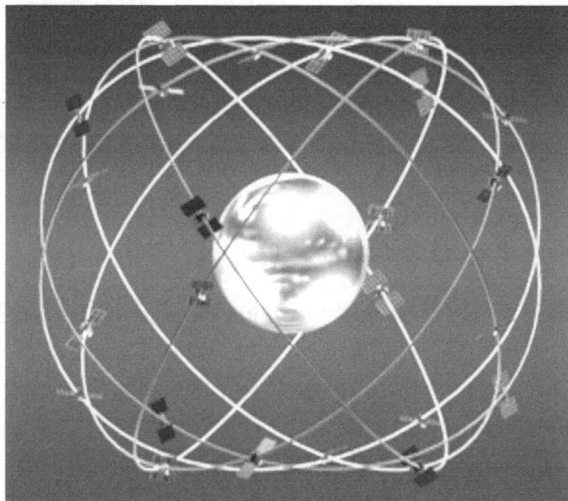

图 0 - 2　GPS 卫星分布

国的科罗拉多空间中心，其主要功能是收集各监控站对 GPS 的观测数据，计算出卫星的星历和卫星钟的改正参数等，并将这些数据编制成导航电文传送到注入站；同时，它还对卫星进行控制，向卫星发布指令，当工作卫星出现故障时，调度备用卫星，替代失效的工作卫星。3 个注入站，其主要功能是将主控站传来的导航电文，分别注入到相应的 GPS 卫星中，通过卫星将导航电文传递给地面上的广大用户。5 个监测站主要是为主控站编算导航电文提供原始数据。每个监测站上都有 GPS 接收机对所见卫星作伪距测量和积分多普勒观测，采集环境要素等数据，经初步处理后发往主控站。

（3）用户部分

用户即 GPS 设备，主要是由 GPS 接收机、数据处理软件和微处理机组成。它主要是接收 GPS 卫星所发出的信号，并利用这些信号进行导航、定位。用户设备的核心是 GPS 信号接收机，它主要是跟踪、接收 GPS 卫星发射的信号并进行变换、处理等，以便于测出 GPS 信号从卫星到接收机天线的传播时间，解译出导航电文，实时计算出测站的三维坐标、速度和时间。

GPS 接收机按照用途可以分为大地型、导航型与授时型；按照能否接收测距码（伪距码）可以分为有码与无码；按照接收伪距码的种类可以分为 P 码和 C/A 码；按照接收不同频率载波的数量可以分为单频与双频。

0.3.2　GIS 技术简介

地理信息系统 GIS（Geographic Information System）是一种集计算机科学、地理学、环境科学、信息科学和管理科学为一体的新兴学科。它主要是利用计算机技术管理空间、地理分布数据，进行一系列空间的操作和动态分析，以提供所需要信息和规划设计方案。它主要由

以下五部分组成：

（1）系统硬件：它是由主机、外设和网络组成，主要用于存储、处理、传输和显示空间数据。

（2）系统软件：它是由系统管理软件、数据库软件和基础 GIS 软件组成，主要用于执行 GIS 功能的数据采集、存储、管理、处理、分析、建模和输出等操作。

（3）空间数据库：它是由数据库实体和数据库管理系统组成，主要用于空间数据的存储、管理、查询、检索和更新等。

（4）应用模型：它是由数学模型、经验模型和混合模型组成，主要用于解决某项实际应用问题，获取经济效益和社会效益。

（5）用户界面：它是由菜单式、命令式或表格式的图形用户界面所组成，主要用以实现人机对话的工具。

0.3.3　遥感技术简介

遥感技术 RS（Remote Sensing）是指从远距离高空及外空间的遥感平台，利用可见光、红外、微波等电磁波探测仪器扫描、摄影和信息感应，把获取的信息传输到地面，从而研究地面物体的形状、大小、位置、温度、状态等。遥感系统主要由以下四部分组成。

（1）信息源

信息源是遥感需要对其探测的目标物。

（2）获取信息

获取信息是指运用遥感技术装备接受、记录目标物电磁波特性的探测过程。信息获取主要包括遥感平台和遥感器，其中遥感平台是用来搭载传感器的运载工具，常用的有车载、手提、气球、飞机和人造卫星等；遥感器是用来探测目标物电磁波特性的仪器设备，常用的有照相机、扫描仪和成像雷达等。

（3）处理信息

处理信息是指运用光学仪器和计算机设备对所获取的遥感信息校正、分析和解译处理的技术过程，从遥感信息中识别并提取所需的有用信息。信息处理设备包括彩色合成仪、图像判读仪和数字图像处理机等。

（3）应用信息

信息应用是指专业人员按不同的目的将遥感信息应用于各业务领域的使用过程。

任务0.4　本课程的内容和特点

0.4.1　建筑工程测量课程的内容

建筑工程测量是建筑工程技术专业的一门专业基础课程，具有很强的实践性。它主要是使学生具有工程测量的基本知识，掌握现代测绘仪器的使用方法，具备建筑工程测量的基本知识和基本操作技能，能应用研究有关测绘资料和测量手段解决建筑工程实际问题。全书按建筑工程测量作业内容分为五个项目。

项目0——概述，主要使学生建立起对建筑工程测量的整体概念。该项目主要介绍了测量学的基本内容、工程测量的任务及其作用并简单介绍了现在测量技术（3S 系统）。

项目 1——测量基础,阐述了测量的基础知识。它主要包括地球的形状和大小、测量工作的基准面和基准线及测量过程中常用的坐标系统和高程系统。

项目 2——小地区控制测量,主要阐述了测量过程中平面控制测量和高程控制过程中主要的工作内容和方法、水准仪及经纬仪的使用。

项目 3——大比例尺地形图的测绘与应用,主要阐述了大比例尺地形图的基本知识、地物地貌的识读、地形图在工程测量过程中的应用。

项目 4——建筑施工测量,主要阐述了在建筑施工过程中主要的测量工作和方法。

项目 5——变形测量与竣工测量,主要阐述了竣工测量的主要内容和方法及建筑物在后期运营阶段进行变形监测的主要内容和方法。

0.4.2 建筑工程测量课程的特点

本课程操作性很强,学生在学习本课程时一定要重视实践教学环节,勤动手才能学好本课程。在学习中应养成良好的预习习惯,作业时要真实、整洁、美观,绝不可以弄虚作假。

【知识归纳】

1. 测量学、建筑工程测量的基本概念。
2. 测量学的研究对象及分类。
3. 测量基本工作内容、测量工作原则。
4. 建筑工程测量的内容和任务。
5. 了解测绘"3S"技术。

【思考与练习】

1. 简述测量学有哪些分支学科,各自的研究对象是什么?
2. 测量工作的基本内容有哪些?
3. GPS 系统主要由哪几部分组成?
4. 测量工作必须按照_____、_____和_____原则进行。
5. 遥感系统 RS 主要由_____、_____、_____和_____四部分组成。
6. 在工程建设的各个阶段,建筑工程测量的主要任务有哪些?

项目 1   测量基础

【素质目标】

有爱国主义精神，有保密意识。

【知识目标】

了解地球的形状和大小；懂得测量工作的基准面和基准线及其概念；懂得确定地面点位的要素；了解坐标系统，懂得数学坐标系与测量坐标系的区别，理解高斯投影的概念，了解高斯投影分带方法，懂得高斯坐标 Y 坐标的自然坐标和通用坐标及之间的关系。了解高程系统，懂得高程起算面(大地水准面的概念)，了解我国曾使用的高程系统。能正确进行绝对高程、相对高程和高差的计算。了解在角度测量、距离测量和高程测量中用水平面代替水准面的前题；了解测量误差的概念、测量误差的来源、测量误差的分类。

【技能目标】

能正确进行自然坐标和通用坐标的换算，能依坐标求得所在投影带的带号和投影带的中央子午线的经度；建立测量误差的概念，能对误差进行分类。

任务1.1   确定地面点位

测量工作包括测定和测设，都需要通过确定地面点的空间位置来实现，空间是三维的，表示地面点的空间位置在测量中用坐标和高程来表示。

1.1.1   地球形状与大小

测量工作都是在地球表面上进行的，测量成果又需要归算到一定的平面上才能进行计算和绘图，因此我们首先对地球要有一个统一的认识。

人们对地球的认识有一个漫长的过程。古代东西方人受生产力和知识面的限制，都认为天是圆的，地是方的，即所谓"天圆地方"。古希腊时期开始有人提出地球是一个圆球，直到1522 年麦哲伦带队绕地球一周，才确立了地球为球体的认识。17 世纪末，牛顿研究了地球自转对地球形态的影响，从理论上推测地球不是一个很圆的球体，而是一个赤道处略微隆起、两极略微扁平的椭球体，开启了人类认识地球的新篇章。

众所周知，地球的自然表面是极其不规则的，它有高山、丘陵、平原、江河、湖泊、海洋等，所以地球表面是起伏不平的。我国西藏与尼泊尔交界处的世界最高峰珠穆朗玛峰高达8844.43 m，而在西太平洋的海洋最深处马里亚纳海沟深达 11022 m，尽管两处的高差达到近20000 m，但与地球平均半径 6371 km 相比，仍可忽略不计。同时，就地球表面而言，海洋面积约占71%，陆地面积仅占29%，因此我们可以设想静止的海水面向陆地延伸将形成一个封闭的曲面，而这个曲面包围所形成的球体就能很好地代表地球的形状和大小。

由于受到太阳、月亮、地球三者引力的影响，海面将出现潮汐现象，不同的国家和地区的潮汐现象也不尽相同，就不可能有静止的海水面。在这样不规则和不断变化的球形曲面上，我们事实上是无法进行测量的计算和绘图工作。于是人们选择了一个和地球形状极为相似的数学模型——旋转椭球体，选定了形状和大小并在地球上定位的旋转椭球称之为参考椭球。参考椭球的表面是一个规则的数学曲面，它是测量计算和投影制图所依据的面。参考椭球的元素有长半径 a、短半径 b 和扁率 α，$\alpha = (a - b)/a$，通常采用 a 和 α 两个元素确定参考椭球的形状和大小。

中华人民共和国在建国初期采用克拉索夫斯基椭球（$a = 6378245$ m，$\alpha = 1 : 298.3$）建立了我国的大地坐标系，称为"1954 年北京坐标系"。由于该椭球的表面与我国地表情况不相适应，故自 1980 年以后，我国采用国际大地测量与地球物理协会（IUGG）1975 年十六届大会推荐的椭球（$a = 6378140$ m，$\alpha = 1 : 298.257$）再次建立了我国自己的大地坐标系，称为"1980 年北京坐标系"，大地原点设在陕西省泾阳县永乐镇境内。

随着社会的进步，国民经济建设、国防建设和社会发展、科学研究等对国家大地坐标系提出了新的要求，迫切需要采用原点位于地球质量中心的坐标系统（以下简称地心坐标系）作为国家大地坐标系。采用地心坐标系，有利于采用现代空间技术对坐标系进行维护和快速更新，测定高精度大地控制点三维坐标，并提高测图工作效率。

2008 年 3 月，由国土资源部正式上报国务院《关于中国采用 2000 国家大地坐标系的请示》，并于 2008 年 4 月获得国务院批准。自 2008 年 7 月 1 日起，中国全面启用 2000 国家大地坐标系，国家测绘局受权组织实施。

1.1.2　测量工作的基准面和基准线

测量工作是在地球表面进行的，我们把地球表面设想成静止的海水面向陆地延伸而形成一个封闭的曲面，我们称之为水准面，这个曲面包围所形成的球体就能很好地代表地球的形状和大小。由于海水有潮汐，我们通常取其平均的海水面作为地球的形状和大小的标准，即为大地水准面，测量工作就以大地水准面为基准面。大地水准面所包围的几何体称为大地体，而旋转椭球体的建立正是用以代替大地体，达到既接近地球的形状和大小，又方便计算和绘图的目的，地球自然表面、大地水准面、旋转椭球体面三者的关系见图 1−1 所示。

静止的水准面要受到重力的作用，所以水准面的特性是处处与铅垂线正交。由于地球内部不同密度物质的分布不均匀，铅垂线的方向是不规则的；因此，大地水准面也是不规则的曲面。测量工作获得铅垂线方向通常是用悬挂垂球的方法，而这个垂线方向就是测量工作的基准线。

1.1.3　确定地面点位

地面点位的确定，一般需要三个量。在测量工作中，我们一般用某点在基准面上的投影位置 (x, y) 和该点离基准面的高度 (H) 来确定。

1. 地面点平面位置的确定

地面点的平面位置一般不是直接测定，而是通过测量水平角和水平距离再经过计算得到

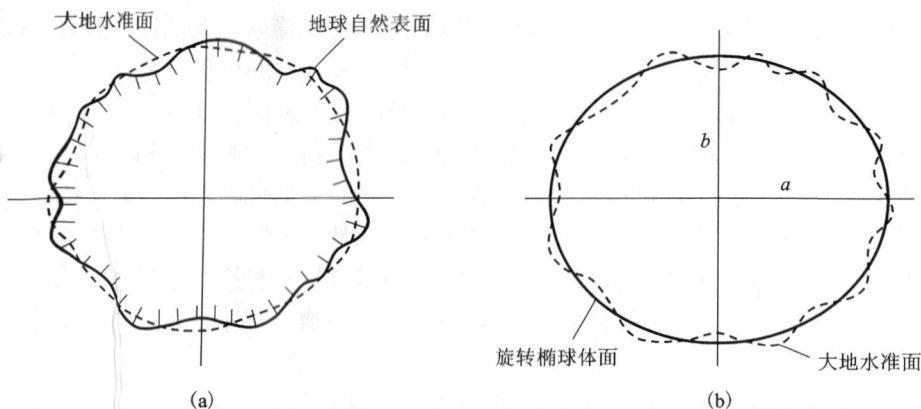

图 1 - 1 地球自然表面、大地水准面、旋转椭球体面关系图

(a)大地水准面与地球自然表面的关系；(b)大地水准面与旋转椭球体面的关系

的。而这个测量和计算的过程都将是在某一个坐标系中进行，本书将在小区域控制测量一章中介绍。

2. 地面点高程位置的确定

地面点高程测定的基本原理是从高程原点开始，逐点测得两点之间的高差，进而推算出待定点的高程。

由此我们可以看出，距离、角度和高程是确定地面点位置的三个基本要素，而距离测量、角度测量、高程测量是测量的三项基本工作内容。

任务 1.2　测量坐标系统和高程系统

1.2.1　测量坐标系统

坐标系有很多种类，与测量相关的有地理坐标系和平面坐标系。

1. 地理坐标系

地理坐标系属于球面坐标系，用经度和纬度来表示，适用于在地球椭球面上确定点位。

如图 1-2，过 N、O 和 S 的连线为椭球的旋转轴，通过椭球旋转轴的平面称为子午面，而其中通过格林尼治天文台的子午面称为首子午面。子午面与椭球面的交线称为子午圈。通过椭球中心且与椭球旋转轴正交的平面称为赤道。其他与椭球旋转轴正交，但不通过椭球中心的平面与椭球面相截所得的曲线称为纬圈。

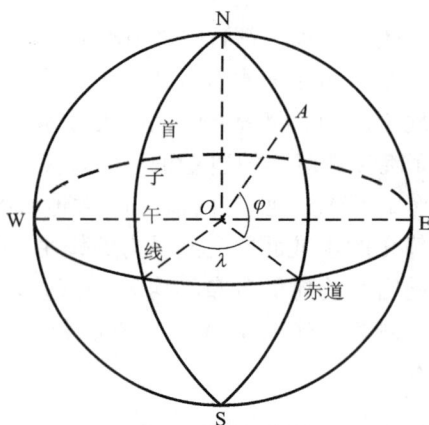

图 1 - 2　地理坐标

在测量工作中，点在椭球面上的位置用大地经度 λ 和大地纬度 φ 表示。

大地经度是指通过该点的子午面与首子午面的夹角，从首子午线起，向东 0 ~ 180° 称为东经,向西 0 ~ 180°称为西经。大地纬度是指通过该点的法线与赤道面的交角,从赤道面起,向北 0 ~ 90°称为北纬,向南 0 ~ 90°称为南纬。地面点的大地经度和大地纬度可以通过大地测量的方法确定。

2. 平面直角坐标

平面坐标系用坐标(x,y)来表示,适用于在测区范围较小时确定点位。

对于小范围的测区,以水平面作为投影面,地面点在水平面上的投影位置用平面直角坐标表示。

如图 1 - 3,在水平面上选定一点 O 作为坐标原点,以南北方向为纵轴,即 x 轴,以北为正,以南为负,以东西方向为横轴,即 y 轴,以东为正,以西为负,建立平面直角坐标系。

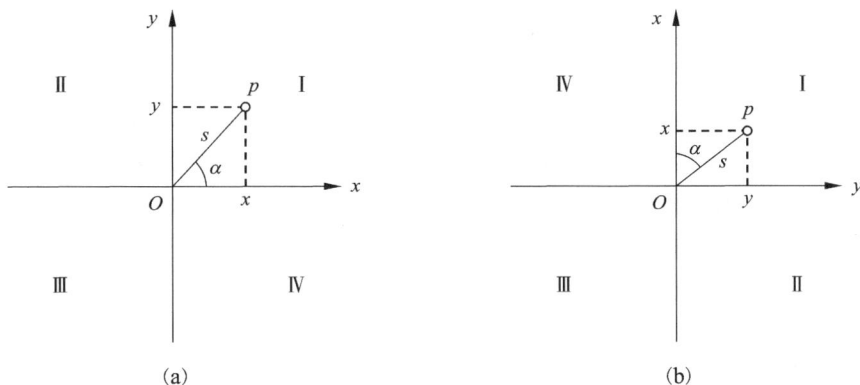

图 1 - 3　数学坐标系与测量坐标系
(a)数学上的平面直角坐标;(b)测量上的平面直角坐标

必须注意的是,测量上采用的平面直角坐标系与数学中的平面直角坐标系从形式上看是不同的。测量上所采用的方向是从北方向(纵轴方向)起按顺时针方向以角度计量,而数学上的角值是从横轴正方向起按逆时针方向计量。为了使数学上的三角函数计算公式可以直接用于测量的计算中,因而将数学坐标系中的 x、y 互换,象限划分由逆时针变为顺时针,构成测量中的平面直角坐标系。

3. 高斯平面直角坐标系

(1)高斯投影

当测区范围较小,可以把地球表面的一部分当做平面看待时,在平面直角坐标系中,所测得地面点的位置或一系列点所构成的图形,能够直接用按比例缩小的方法描绘到平面上成图。但如果测区范围较大,就不能把地球上很大一块地球表面当做平面看待,就必须采用适当的投影方法来解决这个问题。在我国,测量上通常采用高斯投影的方法。

为简单起见,我们可以把地球当做一个圆球看待,设想把一个圆柱筒套在圆球外面,使圆柱筒的中心轴线通过圆球中心,而圆球面上一根子午线与圆柱筒相切,把线作为平面直角坐标系的纵坐标轴即 x 轴,称为轴子午线,又称为中央子午线。而扩大赤道面与圆柱面相交,交线必然与中央子午线相垂直,将它作为平面直角坐标系的 y 轴,如图 1 - 4。

(2)高斯投影分带

在高斯投影平面上,中央子午线投影的长度不变,其余子午线其长度大于投影前的长

解：我国位于6°带的13号带至23号带，3°带的24号带至45号带。由 y 坐标值可知该点处在第38带，故该坐标值属于3°带。第38带的中央子午线经度为：

$$L_0' = 3° N' = 3° \times 38 = 114°$$

将 y 坐标值前的带号去掉，再减去500 km，得到：

$$342110.88 - 500000 = -157889.12 \text{ m}$$

故知该点在第38带的中央子午线的西侧，距离中央子午线157889.12 m。

根据该点的 x 坐标值，该点在赤道以北距离赤道3234567.78 m。

1.2.2 测量高程系统

高程系统是指相对于不同性质的起算面所定义的高程体系。高程基准面基本上有两种：一是大地水准面，它是正高和力高的基准面；二是椭球面，它是大地高程的基准面。

1．我国采用的高程系统

（1）大地水准面

大地水准面是指将平均海水面无限延伸穿过整个大陆和岛屿所形成的闭合的曲面。我国规定以黄海平均海水面作为大地水准面。

（2）1956年黄海高程系

根据青岛验潮站1950—1956年验潮资料确定的黄海平均海水面作为高程起算面，测定位于青岛市观象山的中华人民共和国水准原点作为其原点而建立的国家高程系统，称为黄海高程系，其水准原点的高程为72.289 m。

（3）1985年国家高程基准

采用青岛水准原点，根据青岛验潮站1952年到1979年的验潮数据确定的黄海平均海水面所定义的高程基准为国家高程基准。其水准原点起算高程为72.2604 m。1985年决定启用这一新的原点高程作为基准去推算全国的高程。

（4）绝对高程和相对高程的概念

绝对高程：地面点沿铅垂线方向至大地水准面的距离称为绝对高程，亦称为海拔。在图1-7中，地面点 A 和 B 的绝对高程分别为 H_A 和 H_B。

相对高程：地面点沿铅垂线方向至任意水准面的距离称为相对高程。在图1-7中，地面点 A 和 B 的相对高程分别为 H_A' 和 H_B'。

在测量工作中，一般采用绝对高程，只有偏僻地区，没有已知的绝对高程点可以引测时或是相对独立的地区，才采用相对高程。两地面点之间的高程之差称之为高差，以符号"h"表示，与高程起算面无关。图1-7中，A 和 B 两点的高差 $h_{AB} = H_B - H_A = H_B' - H_A'$。

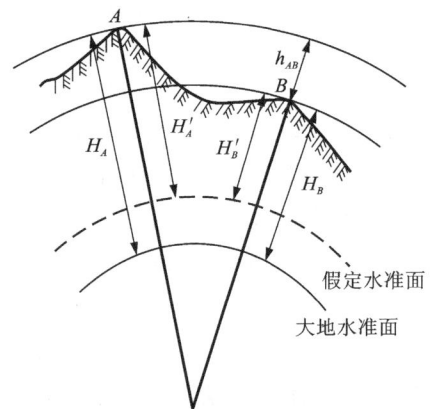

图1-7 高程与高差的定义及其相互关系

任务 1.3 用水平面代替水准面的限度

众所周知，把一个球面展成平面是绝对不可能的。然而，无论是水准面或是参考椭球所包围的实体（大地体）正是一个球体，所以严格地讲，即使在极小的范围内用水平面代替水准面，也要产生变形。由于测量和制图过程中不可避免地产生误差，若在小范围内以水平面代替水准面而产生的变形误差小于测量和制图过程中产生的误差，则在这个小范围内用水平面代替水准面是合理的。也就是说，当测区范围较小时，可以把水准面看作水平面。我们需要做的是探讨用水平面代替水准面对水平距离、水平角度和高差的影响，以便给出限制水平面代替水准面的限度。

1. 水准面曲率对水平距离的影响

如图 1-8 所示，地面上 A、B 两点在大地水准面上的投影点是 a、b，用过 a 点的水平面代替大地水准面，则 B 点在水平面上的投影为 b'。设 ab 的弧长为 D，ab' 的长度为 D'，球面半径为 R，D 所对圆心角为 θ，则以水平长度 D' 代替弧长 D 所产生的误差 ΔD 为：

$$\Delta D = D' - D = R\tan\theta - R\theta = R(\tan\theta - \theta) \tag{1-3}$$

将 $\tan\theta$ 用级数展开为：

$$\tan\theta = \theta + \frac{1}{3}\theta^3 + \frac{5}{12}\theta^5 + \cdots$$

因为 θ 角很小，所以只取前两项代入式 (1-3) 得：

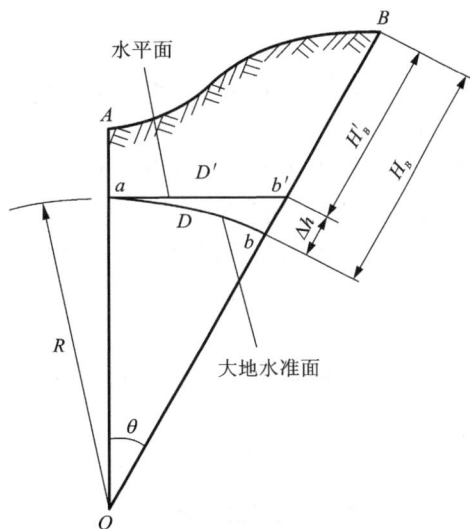

图 1-8 用水平面代替水准面对距离、角度和高程的影响

$$\Delta D = R\left(\theta + \frac{1}{3}\theta^3 - \theta\right) = \frac{1}{3}\theta^3 \tag{1-4}$$

又因 $\theta = \dfrac{D}{R}$，则

$$\Delta D = \frac{D^3}{3R^2} \tag{1-5}$$

$$\frac{\Delta D}{D} = \frac{D^2}{3R^2} \tag{1-6}$$

取地球半径 $R = 6371$ km，并以不同的距离 D 值代入式 (1-5) 和式 (1-6)，则可求出距离误差 ΔD 和相对误差 $\Delta D/D$，如表 1-1 所示。

表 1-1 水平面代替水准面的距离误差和相对误差

距离 D/km	距离误差 ΔD/mm	相对误差 $\Delta D/D$
10	8	1:1220000
20	128	1:200000
50	1026	1:49000
100	8212	1:12000

由上表可以得出结论：在半径为 10 km 的范围内，即圆面积约 320 km^2 的范围内，进行距离测量时，以水平面代替水准面产生的距离误差为 1∶122 万，可忽略不计，而不必考虑地球曲率对距离的影响。

2. 水准面曲率对水平角的影响

如果把水准面近似地看做圆球面，则野外实测的水平角应为球面角，三点构成的三角形应为球面三角形。这样用水平面代替水准面之后，角度就变成用平面角代替球面角，三角形就变成用平面三角形代替球面三角形。由于球面三角形三内角之和不等于 180°，所以这样代替的结果必然产生角度误差。从球面三角学可知，同一空间多边形在球面上投影的各内角和，比在平面上投影的各内角和大一个球面角超值 ε。

$$\varepsilon = \rho \frac{P}{R^2} \tag{1-7}$$

式中：ε 为球面角超值，($''$)；P 为球面多边形的面积，km^2；R 为地球半径，km；ρ 为一弧度的秒值，$\rho = 206265''$。

在测量工作中实测的是球面面积，绘制成图时是平面图形的面积。由式(1-7)可知，只要知道球面三角形的面积 P，就可以计算出球面角超值 ε。而球面角超值 ε 就是用水平面代替水准面时三个角的角度误差之和，则每个角的角度误差：

$$\Delta\alpha = \frac{P}{3R^2}\rho \tag{1-8}$$

以不同的面积 P 代入式(1-7)，可求出球面角超值，如表 1-2 所示。

表 1-2　水平面代替水准面的水平角误差

球面多边形面积 P/km^2	角度误差 $\Delta\alpha/('')$
10	0.02
100	0.17
1000	1.69
10000	16.91

由上表可以得出结论：用水平面代替水准面产生的角度误差是很小的，而测角仪器的误差远大于当测区面积 1000 km^2 时所产生的角度误差，故在几百平方公里的测区内可以用水平面代替水准面，而不必考虑地球曲率对距离的影响。

3. 水准面曲率对高程的影响

我们知道，高程起算面是大地水准面。如果以水平面代替水准面进行高程测量，则所测得的高差所推算的高程必然含有因地球曲率而产生的高差误差的影响。如图 1-8 所示，地面点 B 的绝对高程为 H_B，用水平面代替水准面后，B 点的高程为 H_B'，H_B 与 H_B' 的差值，即为水平面代替水准面产生的高程误差，用 Δh 表示，则

$$(R + \Delta h)^2 = R^2 + D'^2$$

$$\Delta h = \frac{D'^2}{2R + \Delta h}$$

上式中，可以用 D 代替 D'，Δh 相对于 $2R$ 很小，可略去不计，则

$$\Delta h = \frac{D^2}{2R} \tag{1-9}$$

以不同的距离 D 值代入式（1-8），可求出相应的高程误差 Δh，如表 1-3 所示。

表 1-3　水平面代替水准面的高程误差

距离 D/km	0.1	0.2	0.3	0.4	0.5	1	2	5	10
Δh/mm	0.8	3	7	13	20	78	314	1962	7848

由上表可以得出结论：当距离为 1 km 时，高程误差为近 78 mm；随着距离的增大，高程误差会迅速增大。这说明用水平面代替水准面时对高程的影响是很大的，不容忽视，故在几何高程测量中，均应考虑地球曲率对高程的影响。

任务 1.4　测量误差基本知识

测量误差始终伴随着测量工作，只要进行测量，无论采用何种仪器，精度多高，观测者的水平有多高，都会产生误差。既然误差客观存在，我们在测量中就必须采取措施，减小误差的影响。要减小误差的影响，必须了解误差的来源、性质及评定标准。

1.4.1　测量误差及其分类

1. 测量误差

在测量工作中，外业观测结果存在各种各样的测量误差，误差不同于错误（粗差），测量误差不可避免。我们探讨误差的目的是要找出产生误差的原因和规律，以便合理地分配误差，使平差处理后的测量结果趋于观测量的真值。

测量中待测的观测量理论上都存在一个真实值，我们称之为真值，一般用 X 表示，对该观测量进行观测所得到的值称为观测值，用 l 表示，观测值与真值之差称为真误差，用 Δ 表示。故有 $\Delta = l - X$ 即真误差的计算公式。

2. 产生误差的原因

产生误差的原因有很多，一般地我们可归纳为三个方面。

（1）观测误差

观测时由于观测者的感觉器官的鉴别能力存在局限性，在仪器的对中、整平、照准、读数等方面都会产生误差。同时，观测者的技术熟练程度也会对观测结果产生一定影响。

（2）仪器误差

测量中使用的仪器和工具，在设计、制造、安装和校正等方面不可能十分完善，致使测量结果产生误差。

（3）外界环境因素的影响

观测过程中的外界条件，如温度、湿度、风力、阳光、大气折光、烟雾等时刻都在变化，必将对观测结果产生影响。

3. 测量误差分类

测量误差按其性质不同，可以分为系统误差和偶然误差。

（1）系统误差

在相同观测条件下，对某量进行一系列观测，如误差出现符号和大小均相同或按一定的规律变化，这种误差称为系统误差。它是由于仪器制造或者校正不完善、观测者生理习惯及观测时的外界条件等因素引起的。如用名义长度为 20 m 而实际长度为 20.01 m 的钢卷尺丈量距离，每丈量一尺段，就有将距离量短 1 cm 的误差，这种量距误差，其数值和符号不变，且丈量的距离越长，误差越大。因此，系统误差具有积累性，对测量结果的影响大，但可通过一般的计算改正或用一定的观测方法加以消除，在观测中可以采用的对系统误差加以消除或减弱的相应措施有：

①测定仪器误差，对观测结果加以改正。如进行钢尺尺长鉴定，求出尺长改正数，对量取的距离进行尺长改正。

②测量前对仪器进行检校，以减少仪器校正不完善的影响。如水准仪的 i 角检验，使其影响减到最小程度。

③采用合理的观测方法，使误差自行抵消或削弱。如水平角观测中，采用盘左盘右观测取平均值，可消除视准轴和横轴误差的影响。

（2）偶然误差

在相同观测条件下，对某量进行一系列观测，如误差出现符号和大小均不一定，这种误差称为偶然误差。它是许许多多人所不能控制的细微偶然因素（比如人眼的分辨能力、仪器的极限精度、外界条件的不断变化等）共同影响的结果，但它具有一定的统计规律。例如，为了统计偶然误差的出现规律，某测量单位在相同条件下对 1 548 个三角形的内角进行了观测，观测的结果统计如表 1 - 4 所示。

表 1 - 4

误差大小范围/(″)	真误差(三角形闭合差)的个数		
	正	负	总数
0 ~ 0.50	259	270	529
0.52 ~ 1.00	226	218	444
1.01 ~ 1.50	160	168	328
1.51 ~ 2.00	100	101	201
2.01 ~ 2.50	22	20	42
2.51 ~ 3.00	1	3	4
Σ	768	780	1548

由表 1 - 4 可以看出：绝对值小的误差个数要比绝对值大的误差个数多得多；绝对值相等的正、负误差出现的个数基本相等，误差最大的是 3.00″。

通过以上实例，可以得出偶然误差的以下特性：

误差概率：呈正态分布，如图 1 - 9 所示，其中：$d\Delta$ 为区间宽度，k/n 为区间频率。

有界性：具有一定的范围。

聚中性：绝对值小的误差出现概率大。

对称性：绝对值相等的正、负误差出现的概率相同。

抵偿性：数学期望等于零，即：

$$\lim_{n\to\infty}\frac{[\Delta]}{n}=0$$

在测量工作中，为了提高测量成果的质量，通常要进行多余观测，即超过确定未知量必须观测数的观测；这样做不仅可以发现观测值中的错误，且可以用观测成果的不符值来评定成果的质量，以减小偶然误差的影响。

在测量过程中，通常系统误差和偶然误差是同时出现的。我们已知，系统误差虽然具有累积性，但又具有一定的规律性，

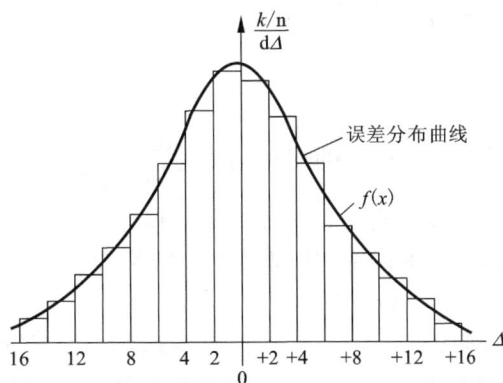

图1-9　频率直方图与误差分布曲线

可以通过仪器检校、计算改正、观测方法等措施削弱或者消除。偶然误差则不行，由于它是在一定条件下产生的，由许多大小不等、符号不同的小误差组成的集合体，因此无法采取相应措施削弱或消除，只能通过的一定的数学方法（测量平差）来处理。

1.4.2　衡量精度的指标

为了评定测量成果的质量，我国测量上通常采用中误差、相对误差和极限误差三种精度指标。

1. 中误差

设对某真值为 L 的量进行 n 次观测，得到 n 个独立的观测值 l_1，l_2，$\cdots$，l_n。求得各个真误差为：

$$\Delta_1=l_1-L$$
$$\Delta_2=l_2-L$$
$$\cdots$$
$$\Delta_n=l_n-L$$

为了评定观测值的精度，通常采用各个真误差的平方和的平均数的平方根作为精度评定的标准，用 m 表示。则：

$$m=\pm\sqrt{\frac{[\Delta\Delta]}{n}}$$

式中：m 为中误差（又称为均方差）

$$[\Delta\Delta]=\Delta_1^2+\Delta_2^2+\cdots+\Delta_n^2$$

中误差是指在同样条件下，一组观测值的中误差，它并不代表每个观测值的真误差，而是一组真误差的代表。一组观测值的各个真误差大，该组观测值的中误差就大，其精度就低。

2. 相对误差

在测量工作中，用中误差有时是很难表示某观测量的精确程度的。例如在距离丈量过程中，分别丈量了 500 m 和 2000 m 的距离，其丈量中误差均为 ±0.1 m，若以中误差来衡量观测值的精度应该是相同的，但这样的结论是错误的。因为量距误差与其丈量的长度有关。为

此需要引入另一个衡量的标准，即相对误差。相对误差是指中误差与相应观测值的近似值之比，通常以分子为1的形式表示，即

$$相对误差 = \frac{中误差}{相应观测值} = \frac{1}{M}$$

上例中，前者的相对误差为 $\frac{0.1}{500} = \frac{1}{5000}$，后者为 $\frac{0.1}{2000} = \frac{1}{20000}$，很明显，后者的精度高于前者的精度。有时，求得真误差和允许误差后，也可用相对误差表示。与相对误差相对应的是真误差、中误差和极限误差，统称为绝对误差。

3. 极限误差

极限误差(又称为限差)，它是指在一定观测条件下，偶然误差的绝对值不应超过的限值。如在测量中某一观测值的误差超过这个限值，则认为这个观测值不符合要求，应舍弃或重新观测。那么这个限值是如何确定的呢？根据误差理论和大量的观测结果我们发现，大于2倍中误差的偶然误差出现的机会为5%；大于3倍中误差的偶然误差出现的机会仅为0.3%。因此，在实际工作中通常采用3倍中误差作为极限误差，即

$$\Delta_容 = 3\ m$$

当要求严格时，也有采用2倍中误差作为极限误差的，即

$$\Delta_容 = 2\ m$$

【知识归纳】

在本项目中，我们了解了地球的形状和大小，知道了测量工作的基准面和基准线。同时，我们明确了在地球上对一个地面点位进行确定，需要我们在某个坐标系统和高程系统中，通过测量工作分别确定它的坐标和高程。由于地球表面是曲面，而我们通常在小范围把地球表面当做平面来进行测量和绘图工作，这就需要我们清楚水平面代替水准面的限度。最后，我们对测量误差的来源作出分析，了解了测量误差的分类和精度指标。

【思考与练习】

1. 什么叫水平面？什么叫水准面？什么叫大地水准面？它们有何区别？

2. 表示地面点位有哪几种坐标系统？各有什么用途？

3. 什么叫绝对高程？什么叫相对高程？什么叫高差？它们有何区别和联系？

4. 研究测量误差的目的和意义是什么？

5. 我国采用的参考椭球体的椭球元素是多少？

6. 测量学中的平面直角坐标系和数学上的平面直角坐标系有何不同？为何要这样规定？

7. 某市的大地经度是 125°19″，试计算它所在 6° 带和 3° 带的带号和中央子午线经度。

8. 对于水平距离、角度和高差而言，分别在多大的范围内可用水平面代替水准面？

9. 测得一地面点的相对高程为 428.524 m。已知该相对高程的假定水准面的绝对高程为 42.617 m，试计算该点的绝对高程。

10. 观测误差的来源有哪些？观测中能不能绝对避免出现误差？

11. 根据误差的性质，可以将观测误差分成哪几类？它们之间有何区别？

12. 对某直线丈量了 6 次，观测结果为 246.535 m、246.548 m、246.520 m、246.529 m、246.550 m、246.537 m，试计算其算术平均值、算术平均值的中误差和相对误差。

13. 已知两段距离的长度及其中误差为 300.465 m ± 4.5 cm、660.894 m ± 4.5 cm，试说明这两个长度的真误差是否相等？它们的最大限差是否相等？它们的精度是否相等？它们的相对精度是否相等？

表 2 - 1 卫星定位测量控制的主要技术要求

等级	平均边长/km	固定误差 A/mm	比例误差系数 B/(mm·km⁻¹)	约束点间的边长相对中误差	约束平差后最弱边相对中误差
二等	9	≤10	≤2	≤1/250000	≤1/120000
三等	5	≤10	≤5	≤1/150000	≤1/70000
四等	2	≤10	≤10	≤1/100000	≤1/40000
一级	1	≤10	≤20	≤1/40000	≤1/20000
二级	0.5	≤10	≤50	≤1/20000	≤1/10000

表 2 - 2 导线测量的主要技术要求

等级	导线长度/km	平均长度/km	测角中误差/(″)	测距中误差/mm	测距相对中误差	测回数 1″级仪器	测回数 2″级仪器	测回数 6″级仪器	方位角闭合差/(″)	导线全长相对闭合差
三等	14	3	1.8	20	1/150000	6	10	—	$3.6\sqrt{n}$	≤1/55000
四等	9	1.5	2.5	18	1/80000	4	6	—	$5\sqrt{n}$	≤1/35000
一级	4	0.5	5	15	1/30000	—	2	4	$10\sqrt{n}$	≤1/15000
二级	2.4	0.25	8	15	1/14000	—	1	3	$16\sqrt{n}$	≤1/10000
三级	1.2	0.1	12	15	1/7000	—	1	2	$24\sqrt{n}$	≤1/5000

注：1. 表中 n 为测站数。

2. 当测区测图的最大比例尺为 1∶1000 时，一、二、三级导线的平均边长及总长可适当放长，但最大长度不应大于表中规定长度的 2 倍。

（2）平面控制网的布设，应遵循下列原则：

1）首级控制网的布设，应因地制宜，且适当考虑发展。当与国家坐标系统联测时，应同时考虑联测方案。

2）首级控制网的等级，应根据工程规模、控制网的用途和精度要求合理选择。

3）加密控制网，可越级布设或同等级扩展。

（3）平面控制网的坐标系统的选择

总则是在满足测区内投影长度变形不大于 2.5 cm/km。

1）采用统一的高斯正形投影 3°带平面直角坐标系统。

2）采用高斯正形投影 3°带，投影面为测区平均高程的平面直角坐标系统。或任意带，投影面为 1985 国家高程基准面平面直角坐标系统。

3）小测区有特殊精度要求的控制网，可采用独立坐标系统。

4）在已有平面控制网的地区，可沿用原有的坐标系统。

5）厂区内可采用建筑坐标系统。

2.1.2 测量水平角

角度测量是测量的三项基本工作之一，角度分为水平角和垂直角。

1. 水平角的概念

水平角是从一点引出两条空间直线，它们在同一水平面上的垂直投影线之间的夹角，也就是，两空间直线在水平面上的投影之间的夹角即二面角，称为水平角，如图 2 – 1 所示，水平角的取值范围是 $0° \sim 360°$。

2. 水平角测量原理

如图 2 – 1 所示，O、A、B 为地面上的任意三点，其高度可能不同，将其分别沿铅垂线方向投影到水平面上，其投影点分别为 O_1、A_1、B_1，直线间的夹角即为水平角，在进行测量时，若仪器内部用一个带有刻度的水平度盘来代替水平面，度盘上即可读出 O_1A_1 和 O_1B_1 的方向值 a 和 b，两方向值之差，即可得到水平角。$\beta = b - a$，β 即为该两直线间的水平角。测量角度的仪器有光学经纬仪、电子经纬仪和全站仪。

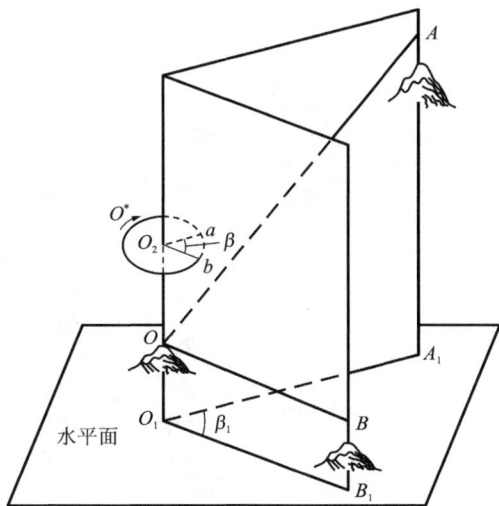

图 2 – 1　水平角测量原理

3. DJ$_6$ 光学经纬仪测量水平角

经纬仪分为光学经纬仪和电子经纬仪两类。两类仪器的基本构造是一致的，只有读数系统和读数方式不同：光学经纬仪利用几何光学的放大、反射、折射等原理进行度盘读数；电子经纬仪则利用物理光学、电子光学和光电转换等原理显示光栅盘读数。

目前，我国经纬仪按精度不同分为 DJ$_{07}$、DJ$_1$、DJ$_2$ 和 DJ$_6$ 等几个等级，D、J 分别是"大地测量"和"经纬仪"汉语拼音的第一个字母，数字 07、1、2、6 等表示该类仪器的精度等级，以秒为单位，即一测回的方向观测中误差为多少秒。

角度测量工具：测钎、垂球、标杆等，作为经纬仪瞄准目标时所使用的照准工具。

（1）DJ$_6$ 光学经纬仪的基本构造

各种 DJ$_6$ 光学经纬仪的构造大体相同。如图 2 – 2 所示为 DJ$_6$ 光学经纬仪的外形及外部构件的名称。

如图 2 – 2 所示，经纬仪由基座、度盘以及照准部和读数系统四大部分组成，也有将读数系统归到照准部内的，这样的话就是分三部分。

基座：由轴套固定螺旋、中心锁紧螺旋、脚螺旋（三个）等构成。

1）轴套固定螺旋：将照准部与基座连接在一起，起到固定的作用。

2）中心连接螺旋：用于将仪器固定在三脚架上。

3）脚螺旋：精确平整仪器的作用。

水平度盘：DJ$_6$ 级光学经纬仪的水平度盘为 $0° \sim 360°$ 全圆刻划的玻璃圆环，其分划值（相邻两刻划间的弧长所对的圆心角）为 $1°$。度盘上的刻划线注记按顺时针方向增加。测角时，水平度盘不动。若使其转动，可拨动度盘变换手轮实现。

照准部：主要由望远镜、照准部水准管、竖直度盘、光学对中器、读数显微镜及竖轴组成。照准部可绕竖轴转动，由水平制动螺旋和水平微动螺旋控制。

1）望远镜：可绕横轴俯仰转动，由望远镜制动螺旋和望远镜微动螺旋控制。

2）照准部水准管：通过观察照准部水准管气泡是否居中来判断仪器是否平整。

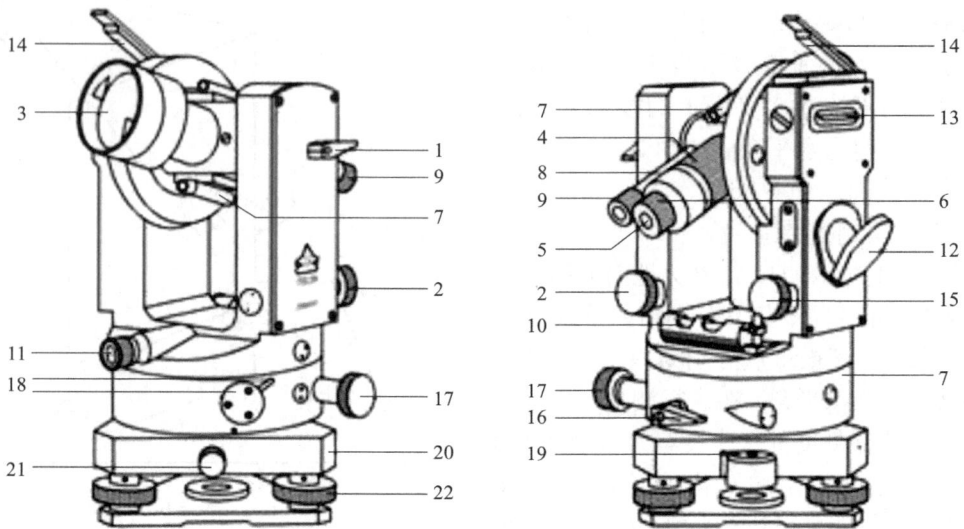

图 2 - 2　DJ₆ 型光学经纬仪

1—望远镜制动螺旋；2—望远镜微动螺旋；3—物镜；4—物镜调焦螺旋；5—目镜；6—目镜调焦螺旋；
7—光学瞄准器；8—度盘读数显微镜；9—度盘读数显微镜调焦螺旋；10—照准部管水准器；11—光学对中器；
12—度盘照明反光镜；13—竖盘指标水准管；14—竖盘指标水准管观察反射镜；15—竖盘指标水准管微动螺旋；
16—水平方向制动螺旋；17—水平方向微动螺旋；18—水平度盘变换手轮和保护卡；19—基座圆水准器；
20—基座；21—轴套固定螺旋；22—脚螺旋

3）竖直度盘：用光学玻璃制成，可随望远镜一同转动，用于测量竖直角。

4）光学对中器：用于仪器对中，使仪器中心位置位于测站点所在的铅垂线上。

5）竖盘指标微动螺旋：用于调节竖盘指标水准管中的气泡。

6）竖盘指标水准管：在竖直角测量中，用竖盘指标微动螺旋使水准管气泡居中，保证竖盘读数指标线位于正确位置。

7）读数显微镜：用于读取水平度盘与竖直度盘的读数。

8）水平制动螺旋：用于制动照准部不让其有大幅度的旋转。

9）水平微动螺旋：照准部被制动后，为精确照准目标，可调节此螺旋，使照准部小幅度地旋转。

读数系统：光学经纬仪的读数设备主要有水平度盘、竖直度盘、测微器。通过一系列的棱镜和透镜、反光镜将度盘分划线、测微器呈现在读数显微镜内。

DJ₆ 级光学经纬仪，常用的测微器有分微尺测微器和单平板玻璃测微器两种读数方法。

1）分微尺测微器及读数方法

如图 2 - 3 所示，注有"水平"字样或"H"的为水平度盘读数窗，注有"竖直"字样或"V"的为竖直度盘读数窗。度盘两分划线之间的分划值为 1°，分微尺共分 0 ~ 6 个大格，每一大格分 10 小格，每小格为 1′，全长为 60′，估读精度为 0.1′。读数时先读出位于分微尺 0 ~ 6 之间度盘分划线的读数，再读出该分划线所在处分微尺上的分、秒值，两读数之和即为读数结果。如图 2 - 3 中，水平度盘读数为 215°07′30″，竖盘读数为 78°48′12″。

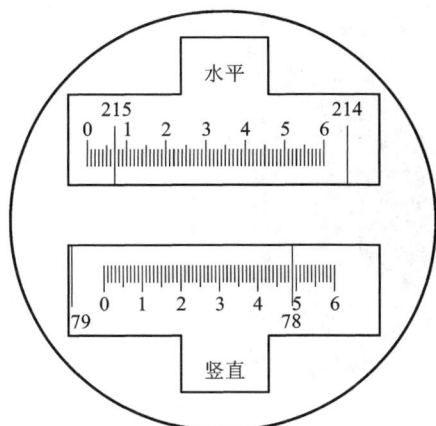

图2-3 分微尺测微器读数窗

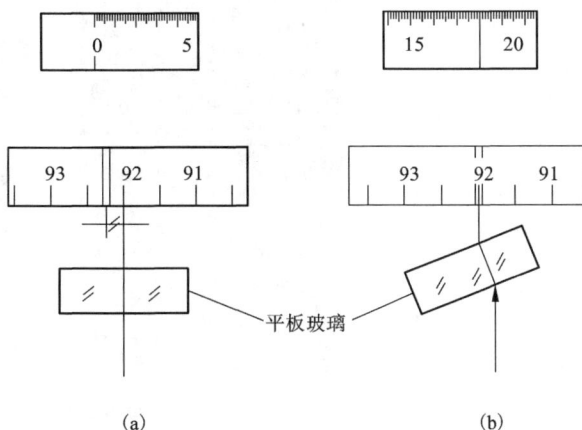

图2-4 单平板玻璃测微器读数窗

2）单平板玻璃测微器及读数方法

单平板玻璃测微器主要由平板玻璃、测微尺、连接机构和测微轮组成。分划值为30′，测微尺全长为30′，将其分为30大格，1大格又分为3小格。因此测微尺上每一大格为1′，每小格为20″，估读到2″。读数时，转动测微轮，单平板玻璃与测微尺绕轴同步转动。当平板玻璃底面垂直于光线时，读数窗中双指线线的读数是92°+α，测微尺上单指标线读数为0′。此时再转动测微轮，使平板玻璃倾斜一个角度，光线通过平板玻璃后发生平移，如图2-4所示，当92°分划线移动到正好被夹在双指标中间时，可以从测微尺上读出移动之后的读数为18′50″。

（2）经纬仪的整置

仪器的整置内容包括：对中和整平。

对中的目的是：使仪器中心与测站点的点位中心在同一铅垂线上，对中误差应小于±3 mm；

整平的目的是：使仪器的水平度盘水平，整平误差要求≤1格。

整置步骤及方法：（方法有垂球对中法和光学对中法两种）

1）垂球对中、整平法步骤

第一步：将垂球悬挂于连接螺旋中心的挂钩上，调整垂球线长度使垂球尖略高于测站点；

第二步：粗对中与粗平，平移三脚架，使垂球尖大致对准测站点中心，将三脚架的脚尖踩入土中；

第三步：精对中，稍微旋松连接螺旋，双手扶住仪器基座，在架头上移动仪器，使垂球尖准确对准测站点；

第四步：旋紧连接螺旋。垂球对中误差应小于±3 mm；

第五步：精确整平，旋转脚螺旋，在相互垂直的两个方向使照准部管水准气泡居中。

2）光学对中器对中、整平法步骤

先要进行对光，使对点标志和地面点位影像清晰（见图2-7）。

图 2-5　垂球对中

第一步：粗略整置，眼睛看着对中器，拖动三脚架两个脚，使仪器大致对中，并保持"架头"大致水平。

第二步：伸缩脚架粗平，根据气泡位置，伸缩三脚架两个脚，使圆水准气泡居中。

第三步：旋转 3 个脚螺旋精平，按"左手大拇指法则"旋转 3 个脚螺旋，使水准管气泡居中。步骤如下：

①转动仪器，使水准管与 1、2 脚螺旋连线平行。

②根据气泡位置运动法则，对向旋转 1、2 脚螺旋，使管水准器气泡居中。

③转动照准部 90°，据气泡位置运动法则，旋转第 3 个脚螺旋使管水准器气泡居中。

由于对中与整平之间相互有一定的影响，这时可能使得仪器又没能对中了，则进行第 4 步骤。

④架头上移动仪器，精确对中。

此时可能又影响到整平，要求再次进行精平。

⑤脚螺旋精平。

⑥反复④、⑤两步。

气泡移动规律：与左手大拇指的移动方向相同。

（3）照准与读数

用于测角的照准标志有多种，如竖立于测点的标杆、测钎、用三根竹竿悬吊垂球线或觇

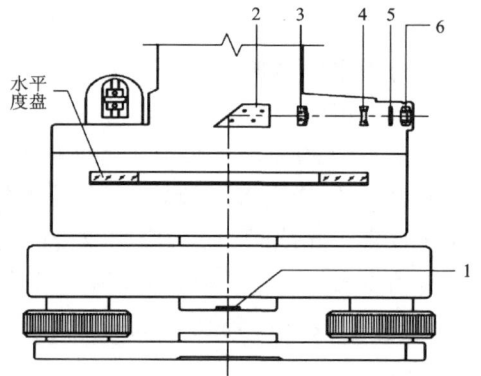

图 2-6　光学对点器结构

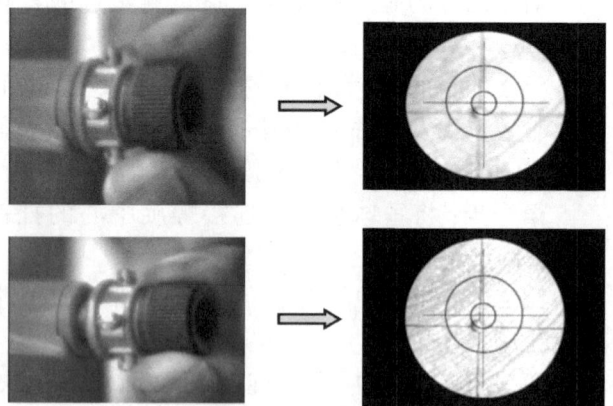

图 2-7　光学对点

牌。见图 2 - 8。

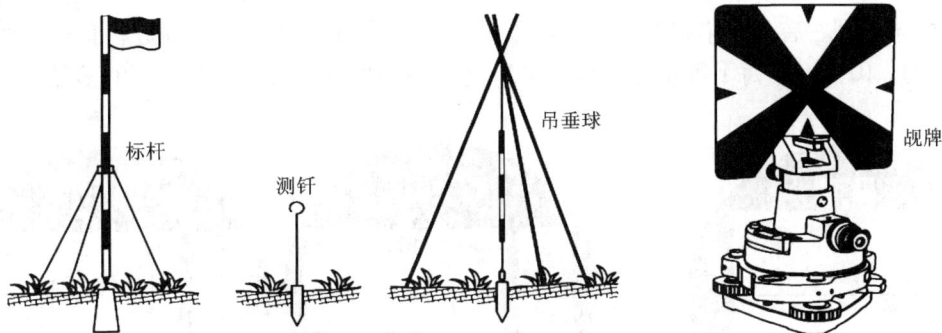

图 2 - 8 测量标志

进行水平角测量时，在观测之前应先调节好望远镜，消除视差的影响。

视差的概念：

观测时观测者的视线稍偏离视准轴（望远镜物镜光心与十字丝中心的连线），感觉目标有晃动的现象称为视差。

产生视差的原因：

调焦不准确，使得目标的影像面与十字丝分划面没有重合。

消除视差的方法：

先进行目镜调焦，使十字丝达到最清晰的程度。方法是将望远镜对到明亮的天空，转动目镜调焦环使十字丝清晰。

照准与读数的方法与步骤：

照准：

1）目镜对光——望远镜对向明亮背景，转动目镜使十字丝清晰；

2）粗瞄目标——望远镜上的粗瞄器瞄准目标，上紧水平和垂直制动螺旋；

3）精瞄目标——从望远镜观察，旋转水平、垂直微动螺旋。照准目标时若目标较细小则用十字丝的双丝部分来夹目标，若目标较粗则用单丝部分来平分目标。见图 2 - 9。

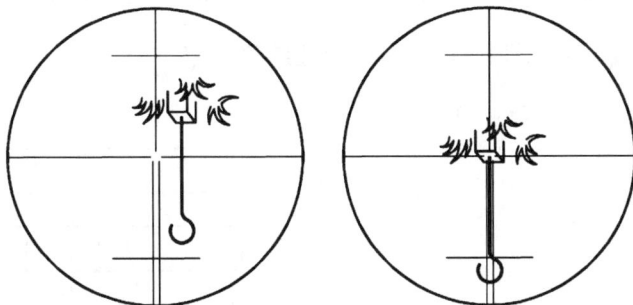

图 2 - 9 照准目标

读数：

打开度盘照明反光镜，调整角度和方向，照亮读数窗口进行读数。

读数及经纬仪读数视场：

不同厂家不同型号的经纬仪其读数方法略有不同，下面分别介绍几种仪器的读数视场及读数方法。

图 2 - 10（a）为北光 DJ_6 光学经纬仪的读数视场，在视场中可同时看到水平度盘和垂直度盘的读数，上面部分即 H 为水平度盘读数窗，下面部分即 V 为垂直度盘读数窗。其读数方法是先

看哪一根度盘刻划线在分微尺中,则为多少度;然后再看度盘刻划线落在分微尺中的哪一大格中,(因分微尺将一度的范围划分为6大格,每一大格又划分为10小格,每1小格为1分)则为几十分,再从左到右有几小格则为几分,若不是正好落在分微尺的线上则进行估读,即将每1小格目估分成10等份,每1等份为6秒,故J_6光学经纬仪的读数秒值都为6的倍数。

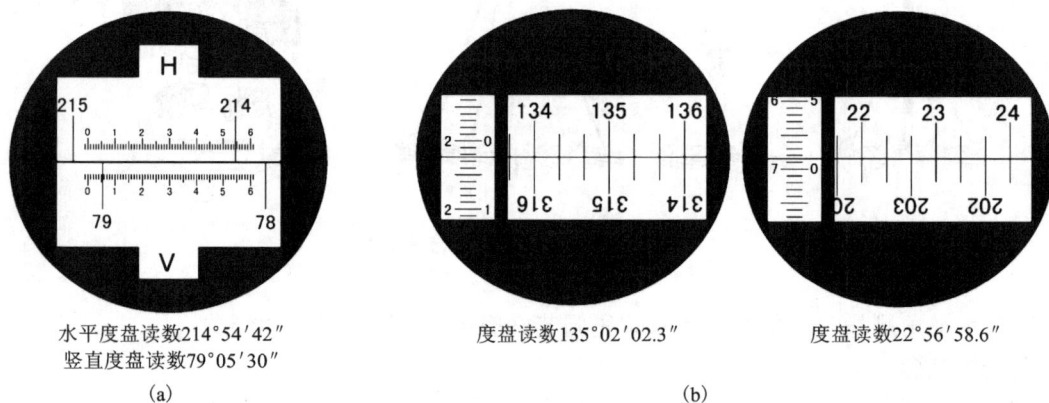

水平度盘读数214°54′42″
竖直度盘读数79°05′30″

(a)

度盘读数135°02′02.3″

度盘读数22°56′58.6″

(b)

图2-10 J_6光学经纬仪视窗

(a)北光DJ_6经纬仪读数窗;(b)蔡司Theo 010经纬仪读数窗

(4)配置度盘

方法:

照准目标后,拨动度盘变换轮,使度盘读数为应有的读数,今后测量水平角时,每一测回的起始方向的度盘位置应不一致,以便消除度盘分划误差的影响,一般来说J_6光学经纬仪测量水平角时度盘位置改变为$180/n$,n为测回数。

技能训练2-1 认识经纬仪

(1)作业流程

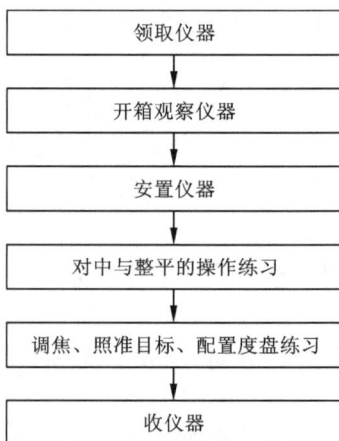

(2)测量仪器及工具

借用:J_6光学经纬仪1台,经纬仪脚架1个。

自备:铅笔、稿纸。

（3）实训要求及上交资料

以小组为单位，每组领取 J_6 光学经纬仪 1 台，针对仪器每位同学能顺利找出仪器的水平制动和微动螺旋、垂直制动和微动螺旋，能正确地调节望远镜，正确瞄准目标，正确读取出水平度盘读数和垂直度盘读数并记录下来。

每位同学轮流进行仪器的整置练习，目标是能正确进行整置，通过训练后 3 分钟能完成仪器的对中与整平工作。

实训指导教师随时进行指导，及时发现问题，并进行点评。点评结束后，对学员针对本任务掌握的情况进行考核，学员应积极主动学习、训练。

4. 水平角观测方法

水平角观测方法一般根据目标的多少、测角精度的要求和施测时所用的仪器来确定，常用的观测方法有测回法和方向法两种。

（1）测回法测水平角

测回法是观测水平角的一种最基本的方法，常用于观测两个方向的单个水平夹角。如图 2-11 所示，观测 β 角步骤如下。

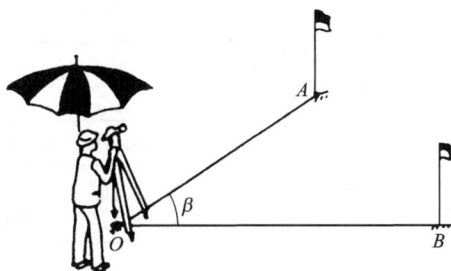

1）在 O 点安置经纬仪：对中、整平、调焦、照准。

图 2-11 测回法测水平角

2）盘左（即竖盘在望远镜的左侧，又称正镜），先瞄准左方目标 A，将度盘变换手轮处于弹入状态，转动度盘变换手轮使水平度盘读数为 $0°00'00''$，然后读取度盘读数 $a_左$，若是电子经纬仪，则瞄准目标 A 点后，按下屏幕下方的置零键，再读取屏幕显示读数 $a_左$ 记入观测手簿。见表 2-3。

松开水平制动螺旋，顺时针方向转动照准部再瞄准右方目标 B，读取水平度盘读数或显示屏上显示的读数 $b_左$，记入观测手簿。

盘左水平角为：$\beta_左 = b_左 - a_左$（称为：上半个测回）

3）盘右（即竖盘在望远镜的右侧，又称倒镜），先瞄准右方目标 B，读记水平度盘读数或显示屏读数 $b_右$，再逆时针方向转动照准部，瞄准左方目标 A，读记水平度盘读数或显示屏读数 $a_右$。

表 2-3 测回法测水平角记录表

测站	目标	度盘位置	水平度盘读数	半测回角值	一测回平均角值	各测回平均值
第1测回 B	A	左	$0°06'24''$	$111°39'54''$	$111°39'51''$	$111°39'52''$
	C		$11°46'18''$			
	A	右	$180°06'48''$	$111°39'48''$		
	C		$291°46'36''$			
第2测回 B	A	左	$90°06'18''$	$111°39'48''$	$111°39'54''$	
	C		$201°46'06''$			
	A	右	$270°06'30''$	$111°40'00''$		
	C		$21°46'30''$			

盘右水平角为：$\beta_右 = b_右 - a_右$

盘左、盘右允许误差为：

$$\beta_左 - \beta_右 \leq \pm 40''$$

当上下半测回的误差在允许范围内时，取其平均值作为一测回的水平角。

$\beta = (\beta_左 + \beta_右)/2$，上半个测回与下半个测回合称一测回。

技能训练 2－2　测回法测水平角

（1）作业流程

```
┌─────────────────────────────────────┐
│              领取仪器                 │
└─────────────────────────────────────┘
                  ↓
┌─────────────────────────────────────┐
│              安置仪器                 │
└─────────────────────────────────────┘
                  ↓
┌─────────────────────────────────────┐
│  调焦、照准起始方向目标、配置度盘读数并记录  │
└─────────────────────────────────────┘
                  ↓
┌─────────────────────────────────────┐
│   盘左顺时针依次观测第二个目标读数并记录    │
└─────────────────────────────────────┘
                  ↓
┌─────────────────────────────────────┐
│ 盘右逆时针依次观测第二、第一个目标读数并记录  │
└─────────────────────────────────────┘
                  ↓
┌─────────────────────────────────────┐
│        计算、检核，合格后上交成果        │
└─────────────────────────────────────┘
```

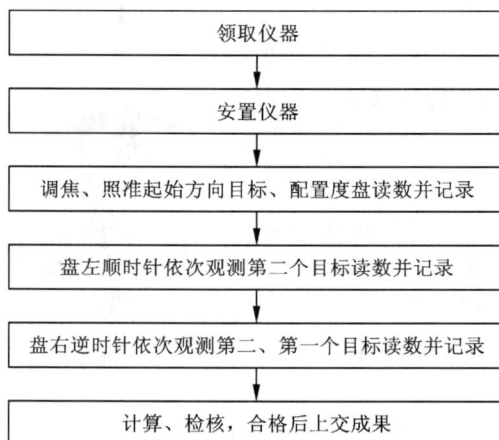

（2）测量仪器及工具

借用：J_6 光学经纬仪 1 台，脚架 1 个，记录夹板 1 个，记录手簿每人 1 张。

自备：铅笔，小刀等。

（3）任务要求及上交资料

以小组为单位，每人完成一个单角两个测回的水平角观测，上交合格成果，在完成任务的前提之下，反复进行多次练习，提高操作速度，通过训练后要求该项任务在 8 分钟内完成，教师将进行达标考核。

测回法测水平角实训记录表

观测者：　　　　　　　　　　　　　记录者：

测站	目标	度盘位置	水平度盘读数	半测回角值	一测回平均角值	各测回平均值
第1测回		左				
		右				
第2测回		左				
		右				

（2）方向观测法测水平角

观测前的准备：

观测者：架设仪器、对中、整平、寻找目标、选定零方向目标（要求：目标清晰、背景明亮、距离适中、易于照准），目的是保证零方向的观测精度。

记录者：作好记录准备（填写站名、日期、观测者姓名和记录者姓名、仪器号、气候等事项，同时绘出方向略图）

观测：

如图2－12所示，测站为O点，观测方向有A、B、C、D四个。为测出各方向相互之间的角值，采用全圆方向观测法先测出各方向值，再计算各角度值。

在O点上安置仪器（经纬仪），盘左位置，瞄准第一个目标（零方向目标，要求成像清晰稳定、通视好、距离适中的目标），旋紧水平制动螺旋，转动水平微动螺旋精确瞄准，配置

图2－12 方向观测法

水平度盘为零度（一般略大于零度）（这一步骤称为归零），同时记录数据于表格中的对应栏中，完成上半测回的观测工作。

纵转望远镜成盘右位置，逆时针方向旋转照准部，照准A目标，读数并记录，按上半测回相反的次序观测D、C、B目标，读数记录，最后再观测A目标（下半测回归零），同时记录数据于表格中。完成下半测回的观测工作。

上下两个半测回称为一测回。

若要观测多个测回，则各测回间按$180°/n$的差值来配置水平度盘。

记录：

记录按表2－4要求进行填写。

测站限差要求：①半测回归零差：≤±18″；②同一方向值各测回间互差≤±24″。

注：在上、下两个半测回中，都是重复照准零方向A称为归零。这种半测回归零法又称为全圆方向法。通常是观察方向数大于3个时规定采用此法。归零两次读数差称为归零差。

注意事项：

1）仪器高度要与观测者的身高相适应；三脚架要踩紧，仪器与脚架连接要牢固；操作仪器时不要用手扶三脚架，转动照准部和望远镜之前，应先松开制动螺旋，使用各种螺旋时用力要轻。

2）观测前一定要严格对中，尤其是短边观测，对中要求应更严格。

3）当观测目标间高低相差较大时，更应注意仪器的整平。

4）目标应尽量立直，测量水平角应尽量照准目标的底部。

5）记录要清楚，记录一律用铅笔进行，当场计算，发现错误时应立即重测。

6）一测回中不得重新调整水准管，若观测过程中发现气泡的偏离，其偏离量不超过一格时，将本测回测完，测完本测回后观测下一测回之前应整平气泡，若偏离量超过一格时，应停止观测，整平后重新开始观测。

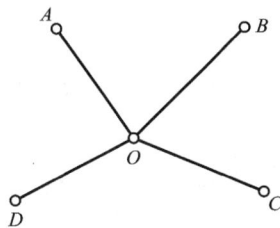

表 2-4 方向观测法测水平角记录表

目标及方向数	度盘读数						半测回方向数			一测回方向数			各测回平均方向值
	盘左			盘右									
			18			06							
1 梅山	00	02	12	180	02	06	0	00	00	0	00	00	
2 P6	50	33	54	230	33	18	50	31	36	50	31	24	
									12				
3 P7	115	27	06	295	27	00	115	24	48	115	24	51	
									54				
4 P8	192	52	42	12	52	30	192	50	24	192	50	24	
									24				
1 梅山	00	02	24	180	02	06							
归零差		+12			0								

技能训练 2-3 方向观测法测水平角

(1)作业流程

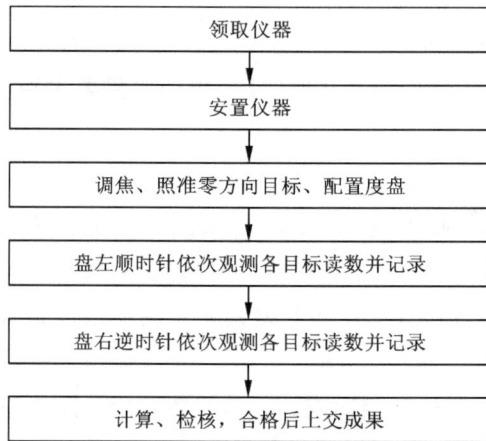

领取仪器

安置仪器

调焦、照准零方向目标、配置度盘

盘左顺时针依次观测各目标读数并记录

盘右逆时针依次观测各目标读数并记录

计算、检核,合格后上交成果

(2)测量仪器及工具

借用:J_6 光学经纬仪 1 台,脚架 1 个,记录夹板 1 个,记录手簿每人 1 张。

自备:铅笔,小刀等。

(3)任务要求及上交资料

以小组为单位,每人完成四个方向两个测回的水平角的观测,4 个目标由同学自行选定,注意目标的距离应相差不远,目标应选比较细一点的,因为目标过粗时会引起照准误差过大而导致成果较容易超限。在完成任务的前提之下,同学们应积极主动地进行操作训练,提高操作速度,通过训练后要求能在 15 分钟内完成该项任务。

每人应上交四个方向两个测回的水平角的观测成果并要求合格。

实训指导教师将在学员分组实训时及时指导，发现问题，随堂进行点评。本任务完成后将进行达标考核。

目标及方向数	度盘读数		半测回方向数	一测回方向数	各测回平均方向值
	盘左	盘右			
第一测回					
归零差					
第二测回					
归零差					

5. 电子仪器测量水平角

（1）电子经纬仪的特点

电子经纬仪与光学经纬仪的根本区别在于它用微机控制的电子测角系统代替光学读数系统。其主要特点是：

1）使用电子测角系统，用光电转换原理和微处理器，自动测量度盘的读数并将测量结果显示在仪器显示窗上。能将测量结果自动显示出来，实现了读数的自动化和数字化。

2）采用积木式结构，可与光电测距仪组合成全站型电子速测仪，配合适当的接口，可将电子手簿记录的数据输入计算机，实现数据处理和绘图自动化。

（2）电子经纬仪的性能简介

电子经纬仪采用光栅度盘测角，水平、垂直角度显示读数分辨率为1″，测角精度2″。

电子测角仪器一般有倾斜传感器，当仪器竖轴倾斜时，仪器会自动测出并显示其数值，同时显示对水平角和垂直角的自动校正。仪器的自动补偿范围为±3′。

（3）全站仪的构造

全站仪在目前的各项工程测量中，是性能稳定、功能先进、实用性强且应用范围较广的测量仪器之一，它具备了光电测距和测角功能，且拥有数字化测量能力。全站仪又称全站型电子速测仪，全站仪是由电子测距仪、电子经纬仪和电子记录装置三部分组成。全站仪的电子测角系统采用了光电扫描测角系统，其类型主要有编码盘测角系统、光栅盘测角系统和动态测角系统三种。全站仪的电子记录装置是由储存器、微处理器、输入和输出部分组成。由微处理器对获取的斜距、水平角、竖直角、视准轴误差、指标差、棱镜常数、气温、气压等信息进行处理，可以获得各种改正后的数据。从结构上分，全站仪可分为组合式和整体式两种。组合式全站仪是用一些连接器将测距部分、电子经纬仪部分和电子记录装置部分连接成一个组合体。整体式全站仪是在一个仪器内装配测距部分、测角部分和电子记录部分。

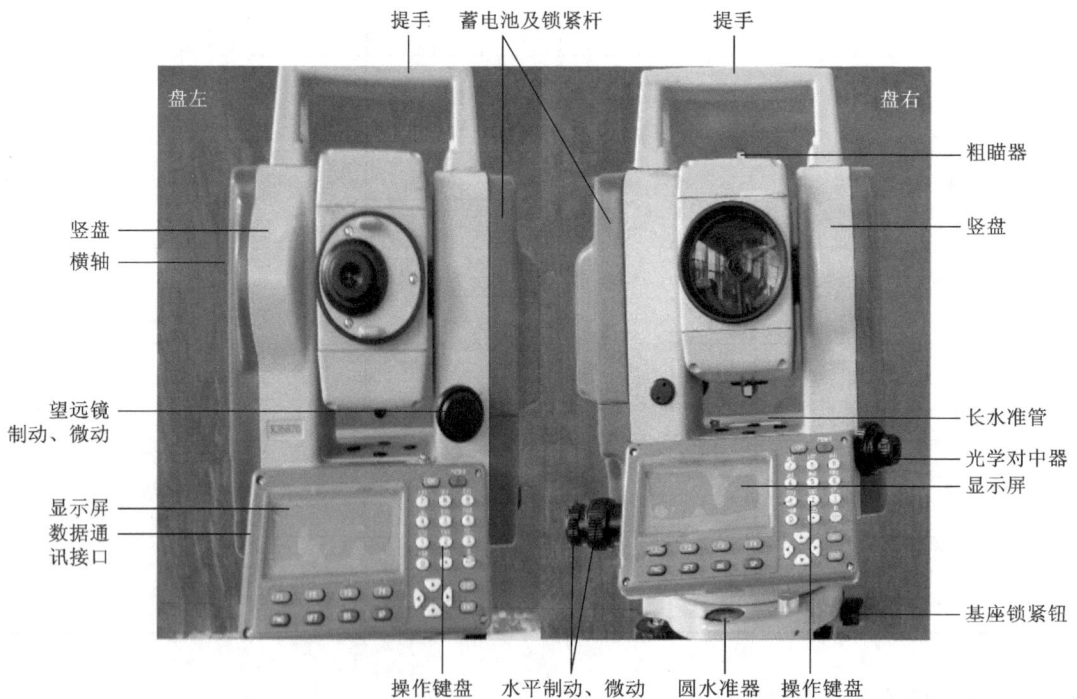

图2-13 KTS系列全站仪

全站仪的种类有很多，各种型号仪器的基本构造大致相同。在此以科利达KTS-400系列全站仪为例进行介绍。仪器各部分的名称如图2-13所示。

（4）全站仪的使用方法

1）显示屏说明如图 2 - 14 所示。

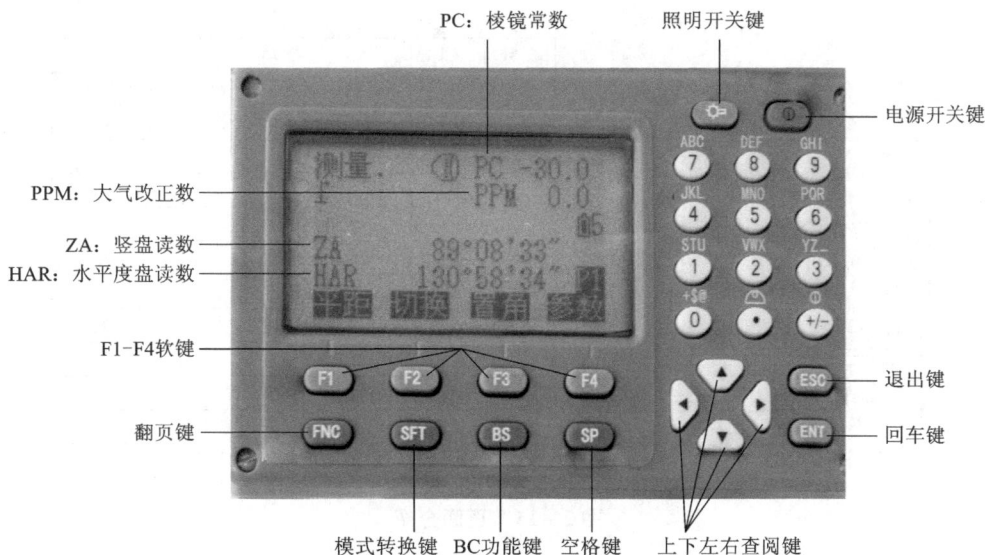

图 2 - 14　显示屏及操作界面

2）按键说明见表 2 - 5。

表 2 - 5　按键功能

名称	功能	名称	功能
ESC	取消前一项操作，退回到前一个显示屏或前一个模式	ENT	确认输入或存入该行数据并换行
FNC	软件功能菜单，翻页；在放样对边等功能中可输入目标高功能	▲	1. 光标上移选取选择项目 2. 在数据列表和查找中查阅上一个数据
SFT	在输入法中切换数字或字母功能	▼	1. 光标下移选取选择项目 2. 在数据列表和查找中查阅下一个数据
BS	删除左边一格	◄	1. 光标左移选取选择项目 2. 在数据列表和查找中查阅上一页数据
SP	在输入法中输入空格；在非输入法中修改测距参数功能	►	1. 光标右移选取选择项目 2. 在数据列表和查找中查阅下一页数据
STU ~ GHI 1 - 9	字母输入（输入按键上方数字）	1 ~ 9	数字或选取菜单项目
.	在数字输入功能中输入小数点；在字符输入法中输入"／、#"	+ / -	在数字输入功能中输入负号 在字符输入法中可输入"＊／＋"

3）页面介绍，如图 2 –15。

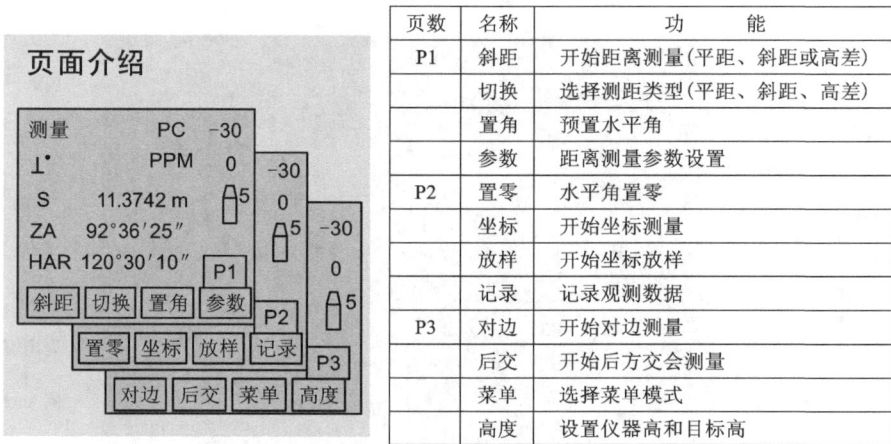

页数	名称	功　　　能
P1	斜距	开始距离测量(平距、斜距或高差)
	切换	选择测距类型(平距、斜距、高差)
	置角	预置水平角
	参数	距离测量参数设置
P2	置零	水平角置零
	坐标	开始坐标测量
	放样	开始坐标放样
	记录	记录观测数据
P3	对边	开始对边测量
	后交	开始后方交会测量
	菜单	选择菜单模式
	高度	设置仪器高和目标高

图 2 –15　页面介绍

(5)水平角测量误差分析

水平角的测量误差来源主要有仪器误差、观测误差和外界条件影响等误差。

1)仪器误差

仪器误差的来源主要有两个方面：一方面是仪器校验后还存在着残余误差。它主要是仪器的三轴误差(视准轴误差、横轴误差和竖轴误差)，其中，视准轴误差和横轴误差均可通过盘左、盘右观测平均值消除，而竖轴误差不能用正、倒镜观测消除。另一方面是仪器制造加工不完善而引起的误差，主要有度盘刻划不均匀误差、照准部偏心(照准部旋转中心与度盘刻划中心不一致)和水平度盘偏心差(度盘旋转中心与度盘刻划中心不一致)，这一类误差一般都很小，并且大多数都可以在观测过程中采取相应的措施消除或减弱它们的影响。因此，在观测前除应认真校验、校正照准部水准管外，还应仔细地进行整平。

2)观测误差

①仪器对中误差

水平角观测时，由于仪器对中不精确，致使仪器中心没有对准测站点 O 而偏于 O' 点，OO' 之间的距离 e 称为测站点的偏心距。如图 2 –16 所示。

O 为测站点，A，B 为观测目标，O' 为仪器中心。OO' 为对中误差，其长度称为偏心距，以 e 表示。过 O 点作 $OA' \parallel O'A$，$OB' \parallel O'B$，则对中误差对水平角的影响为

$$\Delta\beta = \beta - \beta' = \delta_1 + \delta_2$$

因偏心距 e 较小，故 δ_1 和 δ_2 为小角度，于是可近似地把 e 看做一段小圆弧。

设 $OA' = D_1$，$OB' = D_2$，则有

$$\delta_1 = \frac{e\sin\theta}{D_1} \cdot \rho \tag{2 –1}$$

$$\delta_2 = \frac{e\sin(\beta' - \theta)}{D_2} \cdot \rho \tag{2 –2}$$

$$\Delta\beta = \delta_1 + \delta_2 = \left[\frac{e\sin\theta}{D_1} + \frac{e\sin(\beta' - \theta)}{D_2}\right]e\rho \tag{2 –3}$$

从式(2-3)可看出,对中误差对于水平角的影响与偏心距 e、偏心距 e 的方向、水平角大小以及测站到目标的距离有关。因此,在边长较短或观测角度接近180°时,应特别注意对中。

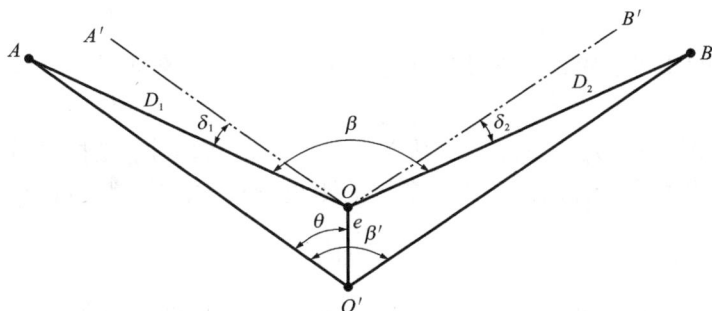

图 2-16

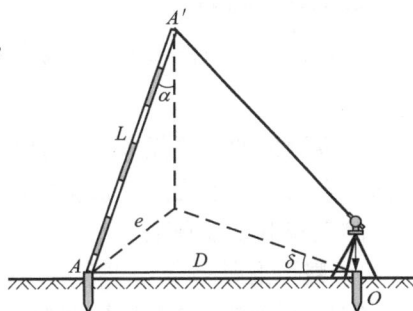

图 2-17

②目标偏心误差

因照准标志没有竖直,使照准部位和地面测站点不在同一铅垂线上,将产生照准点上的目标偏心误差,如图 2-17 所示。其影响与仪器对中误差的影响类同,即

$$e = L\sin\alpha \qquad (2-4)$$

$$\delta = \frac{e}{D} \cdot \rho = \frac{L\sin\alpha}{D} \cdot \rho \qquad (2-5)$$

从式(2-5)可看出目标偏心误差对水平角观测的影响与偏心距 e 成正比,与距离 D 成反比。

③整平误差

因照准部水准管气泡不居中,将导致竖轴倾斜而引起的角度误差,该项误差不能通过正倒镜观测消除。竖轴倾斜对水平角的影响,和测站点到目标点的高差成正比。因此,在观测过程中,尤其是在山区作业时,应特别注意整平。

④瞄准误差

测角时由人眼通过望远镜瞄准目标产生的误差称为瞄准误差。影响瞄准误差的因素很多,如望远镜的放大倍数、人眼的分辨率、十字丝的粗细、标志形状和大小、目标亮度、颜色等,通常以人眼最小分辨率视角(60″)和望远镜的放大倍率 V 来衡量仪器的照准精度,即

$$m_V = 60/V \qquad (2-6)$$

对于 DJ$_6$ 型经纬仪,$V = 28$,$m_V = \pm 2.2''$。

⑤读数误差

读数误差与仪器读数设备、照明情况和观测员经验有关,其中主要取决于读数设备。DJ$_6$型经纬仪一般只能估读到 $\pm 6''$。如照明条件不好、操作不熟练或读数不仔细,读数误差可能超过 $\pm 6''$。

3)外界条件影响

角度观测是在自然界中进行的,自然界中各种因素都会对观测的精度产生影响。例如,地面不坚实或刮风会使仪器不稳定;大气能见度的好坏和光线的强弱会影响照准和读数;温

度变化使仪器各轴线几何关系发生变化等。要完全消除这些影响是不可能的，只能采取一些措施，如选择成像清晰、稳定的天气条件和时间段观测，观测中给仪器打伞避免阳光对仪器直接照射等，以减弱外界不利因素的影响。

2.1.3 测量距离

要确定点在平面直角坐标系中的相对位置，需要对两点连成的直线进行距离测量和直线定向。

距离测量的主要任务是测量水平距离，是测量的三项基本工作之一。距离测量是指测量地面两点间的水平距离。根据使用的工具和方法的不同，常用的距离测量方法有钢尺量距、视距测量和电磁波测距。

1. 量距工具

钢尺量距的首要工具是钢卷尺。长度有 20、30、40、50 m 几种。最小刻划到毫米的钢尺仅在零至一分米之间刻划到毫米，其他部分刻划到厘米。在分米和米的刻划处，注有数字。刚卷尺在铁架内，便于携带使用，如图 2-18 所示。

图 2-18 钢卷尺

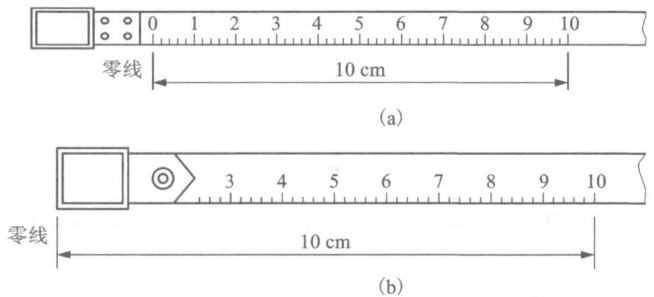

图 2-19 刻线尺和端点尺

钢卷尺由于尺的零点位置不同，有刻线尺和端点尺两种，如图 2-19 所示。刻线尺是在尺上刻出零点的位置如图 2-19(a)所示；端点尺是以尺的端部、金属环的最外端为零点如图 2-19(b)所示，从建筑物的边缘开始丈量时用端点尺很方便。

钢尺量距的辅助工具有测钎、标杆、垂球、弹簧秤、温度计等。如图 2-20 所示，测钎又称测针，用直径 5 mm 左右的粗钢丝制成，长 30~40 cm，上端弯成环形，下端磨尖，便于插入土中，用来标志所测尺段的起、止点位置。一般以 11 根为一组，穿在铁环中。标杆长 2~3 m，直径 3~4 cm，杆身涂以 20 cm

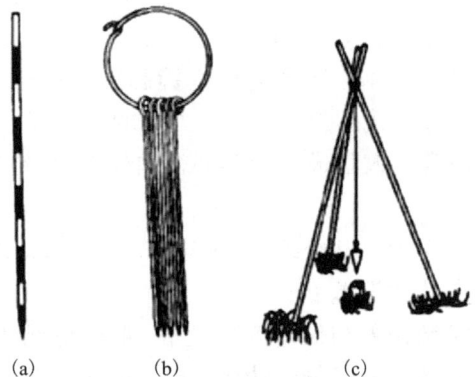

图 2-20 量距辅助工具
(a)标杆；(b)测钎；(c)垂球

间距的红、白漆，下端装有锥形铁尖，主要用于标定直线方向。垂球亦称线锤，是对点的工具。当进行精密量距时，还需要配备弹簧秤和温度计。弹簧秤用以控制施加在钢尺上的拉力。温度计是为了计算尺长温度改正值。

2. 钢尺量距

（1）直线定线

当两个地面点之间的距离较长或地面起伏较大时，为能沿着直线方向进行距离丈量工作，需要在直线方向标定若干个点，在这些点上插上一些标杆或者测钎，作为分段丈量的依据。标定各尺段点在同一直线上的工作称为直线定线。按精度要求的不同，直线定线分为目测定线和经纬仪定线。

1）目测定线

目测定线按不同地形条件有两点法和趋近法。

①两点法目测定线

在平地两点法目测定线，以两端点为准，概量定点。假设 A、B 是平坦地面上相互通视的两点，如图 2−21 所示，具体方法是：

首先在 A、B 端点上树立标杆；然后一指挥者甲立 A 点标杆后 1 m 处瞄 B 点的标杆；两位定点人员按整尺段长从 B 概量至 C 点，乙根据甲的指挥左右移动标杆，直到三个标杆在一条直线上，然后将标杆竖直插下，确定 C 点位置在 AB 视线上；用同样的方法可定出 D 点。直线定线一般由远到近，即先定 C 点，再定 D 点。

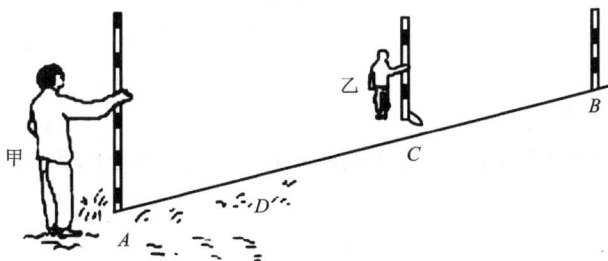

图 2−21　二点法目测定线

② 趋近法目测定线

在山头用趋近法目测定线，概略定中，依次拉直。如图 2−22 所示，A、B 是山脚下的两点，在不通视的 AB 线上定线确定 C、D 点，定线方法是：

先在 A、B 两点上竖立标杆；甲、乙两人各持标杆分别选择 C_1 和 D_1 处站立，要求 B、D_1、C_1 位于同一直线上，且甲能看到 B 点，乙能看到 A 点；可先由甲站在 C_1 处指挥乙移动至 BC_1 直线上的 D_1 处；然后，由站在 D_1 处的乙指挥甲移动至 AD_1 直线上的 C_2 点，要求 C_2 能看到 B 点，接着再由站在 C_2 处的甲指挥乙移动至能看到 A 点的 D_2 处，这样逐

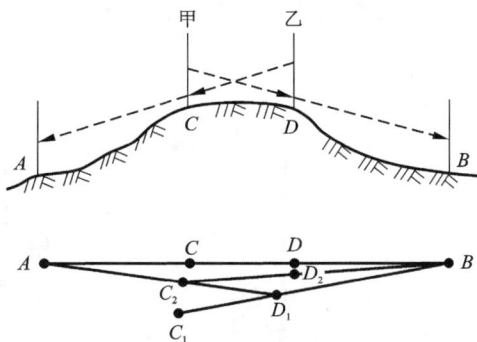

图 2−22　趋近法目测定线

渐趋近，直到 C、D、B 在同一直线上，同时 A、C、D 也在同一直线上，这时说明 A、C、D、B 均在同一直线上。

2）经纬仪定线

当量距精度要求较高时，应使用经纬仪定线，其方法是将经纬仪安置在 A 点，用望远镜瞄准 B 点进行定线。其内容主要由经纬仪在两点之间定线和经纬仪延长直线定线。

如图 2－23 所示，欲在 AB 直线上精确定出 1、2、3 点的位置，可将经纬仪安置在 A 点，用望远镜照准 B 点，固定照准部制动螺旋，然后将望远镜向下俯视，用手势指挥定点人员将测钎左右移动，直到与十字丝重合时，在此处打下木桩，再根据十字丝在木桩上刻出十字线或者钉上小钉，即为准确定出的 1 点的位置。

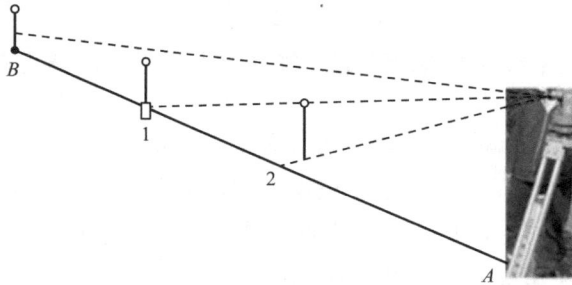

图 2－23　经纬仪在两点间定线

（2）丈量距离

1）平坦地面的丈量方法

沿着地面直接丈量水平距离，可先在地面定出方向，然后逐段丈量，则直线的水平距离按下式计算：

$$D = n \cdot l + q \tag{2－7}$$

式中：l 为钢尺的一整尺段长，m；n 为整尺段数；q 为不足一整尺段的长，m。

丈量时后尺手持钢尺零点一端，前尺手持钢尺末端，通常用测钎标定尺段端点位置。丈量时应注意沿着直线方向，钢尺须拉紧伸直而无卷曲。直线丈量时尽量以整尺段丈量，最后丈量余长，以方便计算。丈量时应记清楚正尺段数，或用测钎数表示整尺段数。如图 2－24 所示。

图 2－24　平坦地面量距

为了进行校核和提高丈量精度,一般需要进行往返丈量。计算往返丈量的相对误差 K,把往返丈量所得距离的差数除以该距离的平均值,称为丈量的相对精度或相对误差。如果相对误差满足精度要求,则将往、返测平均值作为最后的丈量结果,即:

$$K = \frac{|D_{往} - D_{返}|}{D_{平均}} \qquad (2-8)$$

相对误差分母越大,则 K 值越小,精度越高;反之,精度越低。距离精度取决于工程的要求和地面起伏的情况,在平坦地区,钢尺量距的相对误差一般不应大于 1/2000;在量距较困难的地区,其相对误差也不应大于 1/1000。

2)高低不平地面量距

在倾斜地面丈量距离,当尺段两端的高差不大且地面坡度变化不均匀时,一般都将钢尺拉平丈量,此法称"平量法"。

如图 2-25 所示,丈量由 A 向 B 进行,后尺手立于 A 点,将尺的零端对准 A 点,前尺手将尺抬高,并且目估使尺子水平,用垂球尖将尺段的末端投于 AB 方向线地面上,再插以测钎。依次进行,丈量 AB 的水平距离。若地面倾斜较大,将钢尺整尺拉平有困难时,可将一尺段分成几段来平量。

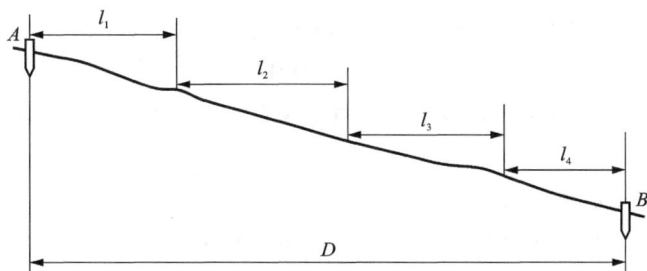

图 2-25　平量法

用此法进行丈量,从山坡上部向下坡方向丈量比较容易,因此,丈量时两次均由高到低进行。

3)倾斜地面量距

当倾斜地面的坡度比较均匀时,可以在斜坡丈量出 AB 的斜距 L,测出地面倾角 α,或 A、B 两点高差 h,如图 2-26 所示,然后可以计算出 AB 的水平距离 D,即:

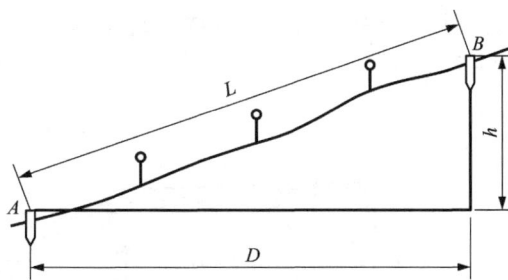

图 2-26　斜量法

$$D = \sqrt{D'^2 - h^2} \quad 或 \quad D = D'\cos\alpha \qquad (2-9)$$

(3)钢尺精密量距

钢尺量距精度在万分之一以上时,就需要采用精密量距方法。精密量距要采用经过检定的钢尺,用经纬仪进行精确定线并用水准仪测出尺段桩之间的高差,同时测量时要采用标准拉力和测量温度,最后对测量出的结果进行三项改正。

1）钢尺检定

钢尺由于材料原因、刻划误差、长期使用的变形以及丈量时温度和拉力不同的影响，其实际长度往往不等于尺上所标注的长度即名义长度，因此，量距前应对钢尺进行检定。

经过检定的钢尺，其长度可用尺长方程式表示。

$$l_t = l_0 + \Delta l + \alpha \cdot (t - t_0)l_0 \qquad (2-10)$$

式中：l_t 为钢尺在温度 t 时的实际长度，m；l_0 为钢尺的名义长度，m；Δl 为尺长改正数，m；α 为钢尺的膨胀系数，$\alpha = 1.25 \times 10^{-5}$ m/1℃；t_0 为钢尺检定时的温度，℃；t 为钢尺使用时的温度，℃。

2）钢尺的检定方法

钢尺的检定方法有与标准尺比较和在测定精确长度的基线上进行比较两种方法。

与标准尺长比较的方法是将被测定钢尺与已有尺长方程式的标准钢尺相比较。两根钢尺并排放在平坦地面上，都施加标准压力，并将两根钢尺的末端刻划对齐，在零分划线附近读出两尺的差数。这样就能够根据标准尺的尺长方程式计算出被检定钢尺的尺长方程式。

例 2-1 设 1 号标准尺的尺长方程式为：

$$l_{t1} = 30 \text{ m} + 0.004 \text{ m} + 1.25 \times 10^{-5} \text{m/1℃} \times (t - 20℃) \times 30 \text{ m}$$

被检定的 2 号钢尺，其名义长度也为 30 m，比较时的温度为 24℃。当两尺末端刻划对齐并施加标准压力后，2 号钢尺比 1 号钢尺短 0.007 m，根据比较结果，可以得出：

$$l_{t2} = l_{t1} - 0.007 \text{ m}$$

即：$l_{t2} = 30 \text{ m} + 0.004 \text{ m} + 1.25 \times 10^{-5} \text{m/1℃} \times (24℃ - 20℃) \times 30 \text{ m} - 0.007 \text{ m}$

$l_{t2} = 30 \text{ m} - 0.002 \text{ m}$

故 2 号钢尺的尺长方程式为：

$$l_{t2} = 30 \text{ m} - 0.002 + 1.25 \times 10^{-5} \text{m/1℃} \times (t - 24℃) \times 30 \text{ m}$$

如果检定精度要求更高一些，可在国家测绘机构已测定的已知精确长度的基线场进行量距，用欲检定的钢尺多次丈量基线长度，推算出尺长改正数及尺长方程式。

3）钢尺精密量距

量距前的准备：测量之前要清理场地、用经纬仪进行直线定线、用水准仪测桩顶间高差，如图 2-27 所示。

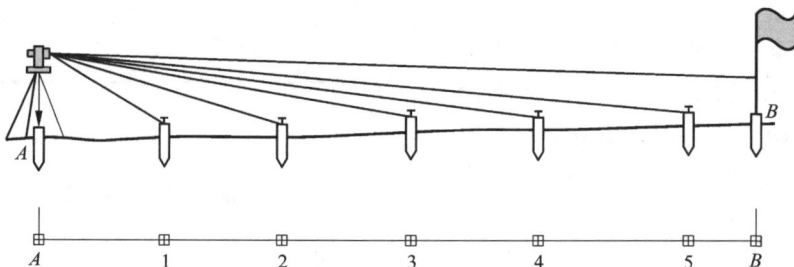

图 2-27　经纬仪定线

人员准备：两人拉尺，两人读数，一人测温度并记录数据，共 5 人。

量距：丈量时，后尺手挂弹簧秤于钢尺的零端，前尺手执尺子的末端，两人同时拉紧钢尺,把钢尺有刻划的一侧贴切于木桩顶十字线的交点,待达到标准拉力时,由后尺手发出"预备"口令,两人拉稳尺子,由前尺手喊"好"。在此瞬间,前、后读尺员同时读取读数,估读至0.5 mm,并由记录员进行记录和计算尺段长度;前后移动钢尺一段距离,同法再次丈量。每一尺段测三次,读三组读数,由三组读数算得的长度之差要求不超过 3 mm,否则应重测。

距离计算:将每一尺段丈量结果经过尺长改正、温度改正和倾斜改正计算成水平距离,并求总和,得到直线往、返测的全长。往、返测差符合精度要求后,取往、返测结果的平均值作为最后成果。

(4)钢尺量距成果计算

距离测量的最终结果一般要求都是平距,量测后需经过尺长改正、温度改正和倾斜改正。

1)尺长改正 Δl_l

由于钢尺的名义长度和实际长度不一致,丈量时就产生误差。设钢尺在标准温度,标准拉力下的实际长度为 l,名义长度为 l_0,则一整尺的尺长改正数为:$\Delta l = l - l_0$,则丈量 D' 距离的尺长改正数为:

$$\Delta l_l = \frac{l - l_0}{l_0} \times D' \qquad (2-11)$$

钢尺的实长大于名义长度时,尺长改正数为正,反之为负。

2)温度改正 Δl_t

丈量距离都是在一定的环境条件下进行的,温度的变化,对距离将产生一定的影响。设钢尺检定时温度为 $t_0℃$,丈量时温度为 $t℃$,钢尺的膨胀系数 α 一般为 1.25×10^{-5} m/1℃,则丈量一段距离 D' 的温度改正数 Δl_t 为:

$$\Delta l_t = \alpha(t - t_0) \times D' \qquad (2-12)$$

当丈量时温度大于检定温度,改正数 Δl_t 为正,反之为负。

3)倾斜改正 Δl_h

设量得的倾斜距离为 D',两点间测得高差为 h,将 D' 改算成水平距离 D 需要加倾斜改正 Δl_h,一般用下式计算:

$$\Delta l_h = -\frac{h^2}{2D'} \qquad (2-13)$$

因斜距总比平距大,故倾斜改正数 Δl_h 永远为负值。

4)计算全长

将测得的结果加上上述三项改正值,得:$D = D' + \Delta l_l + \Delta l_t + \Delta l_h$

如相对误差在限差范围之内,取平均值为丈量的结果;如相对误差超限,应重测。

2.1.4　平面控制测量

小地区平面控制测量网的布设形式主要有小三角测量、导线测量和 GPS 测量。

小三角测量是指四等以下的三角测量,它是将地面已知点和未知点构成一系列的三角形(网状或锁状),观测各三角形的内角,由已知数据和观测数据推算未知点的坐标。小三角测量是一种传统的控制测量方法,通视条件要求高,选点困难,观测量大,效率低,但是观测量是角度,对仪器设备的要求低,所以长期以来得到很广泛的应用。随着电磁波测距技术的出现，测距不再是测量工作的难点，目前这种方法在实际应用中逐渐减少。

导线测量是将地面已知点和未知点构成一系列的折线，观测相邻折线的水平夹角（折角）和折线（边长）的水平距离，由已知数据和观测数据推算未知点坐标。导线测量选点灵活、工作效率高，是目前地形平面控制测量的主要方法，被广泛地应用于实际生产中。

GPS 测量是一种现代的测量方法，在地形平面控制测量中，特别是 RTK - GPS 测量，比导线测量更灵活、更快捷，推广很快，目前也是广泛应用的方法。下面介绍导线测量。

1. 导线的布设形式

导线是由若干条直线连成的折线，相邻两直线的水平角叫做转折角。测定了转折角和导线边长之后，即可根据已知坐标方位角和已知坐标算出各导线点的坐标。按照测区的条件和需要，导线可以布设成闭合导线、附合导线和支导线三种。

（1）闭合导线

如图 2 - 28 所示，从一个已知点 A 出发，经过若干个导线点 1、2、3、4、5，又回到原来已知点 A 上，形成一个闭合多边形，称为闭合导线。闭合导线多用于范围较宽阔地区的控制。

（2）附合导线

布设在两个高级控制点之间的导线称为附合导线。

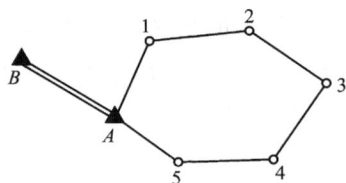

图 2 - 28 闭合导线

如图 2 - 29 所示，从一个已知点 A 点和已知方向 BA 出发，经过若干个导线点 1、2、3，最后附合到另一个已知点 C 和已知方向 CD 上，称为附合导线。附合导线主要用于带状地区的控制，如铁路、公路、河道的测图控制。

（3）支导线

从一个已知控制点出发，支出 1～2 个点，如图 2 - 30。既不附合至另一个控制点，也不回到原来的起始点，这种形式称支导线。由于支导线缺乏检核条件，故测量规范规定支导线一般不超过 2 个点。它主要用于当主控制导线点不能满足局部测图需要时，而采用的辅助控制。

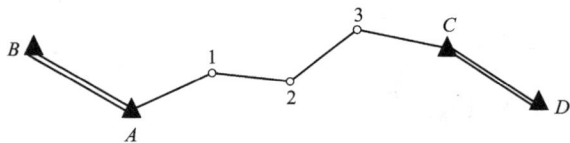

图 2 - 29 附合导线

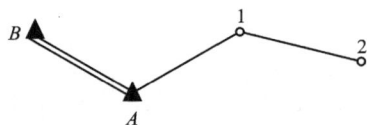

图 2 - 30 支导线

2. 导线测量的外业工作

（1）踏勘选点

导线的选择，直接影响到导线测量的精度和速度以及导线点的使用和保存。因此，在踏勘选点前，应调查收集测区已有地形图和高一级控制点的成果资料，依据测图和施工的需要，在地形图上拟定导线的布设方案，最后到野外现场踏勘、核对、修改、落实点位和建立标志。如果测区没有以前的地形资料，则需要现场实地踏勘，根据已知控制点的分布、测区地形条件及测图和施工需要等具体情况，拟定导线的路线和形式，选定导线点的点位及建立标志。选点时，应注意以下几点：

1）相邻点间要通视，地势也要较平坦，以便于量边和测角；

2）点位应选在土质坚实、视野开阔处，以便于保存点的标志和安置仪器，同时也便于碎部测量和施工放样；

3）导线边长应大致相等，避免过长、过短，相邻边长度之比不要超过三倍；

4）导线点应有足够的密度，且分布均匀，便于控制整个测区。

（2）建立标志

确定导线点后，应根据需要做好标志，并沿导线走向顺序编号，绘制导线略图。要在每个点位上打上一个木桩，桩顶钉上一个小钉，作为临时性标志。若导线点需要长期保存，就要埋设石桩或混凝土桩，桩顶刻凿十字。并在导线附近的明显的地物（房角、电杆）上用油漆注明导线点编号和距离，并绘制草图，注明尺寸，称为"点之记"。

（3）导线边长测量

传统导线边长可采用钢尺等方法丈量。随着测绘技术的发展，目前全站仪已成为距离测量的主要手段。用全站仪测边时，应往返观测取平均值。但均要符合表 2 - 6 的规定。

（4）导线转折角测量

导线的转折角可测量左角或右角，按照导线前进的方向，在导线左侧的角称左角，导线右侧的角称右角，一般规定闭合导线测内角。对于附合导线，可测其左角，也可测其右角，但全线要统一。角度观测采用测回法。各级导线的测角要求均要符合表 2 - 6 规定。

（5）定向

为了计算出导线点的坐标，必须知道导线各边的坐标方位角，因此应确定导线起始边的方位角。若导线起始点附近有国家控制点时，则应与控制点联测连接角，再来推算导线各边方位角。

表 2 - 6　导线的主要技术要求

等级	测图比例尺	导线长度/m	平均边长/m	往返丈量较差相对误差	测角中误差/(″)	导线全长相对闭合差	测回数		角度闭合差/(″)
							DJ$_2$	DJ$_6$	
一级		2500	250	1/20000	±5	1/10000	2	4	±10$\sqrt{n}$
二级		1800	180	1/15000	±8	1/7000	1	3	±16$\sqrt{n}$
三级		1200	120	1/10000	±12	1/5000	1	2	±24$\sqrt{n}$
图根	1:500	500	75	1/3000	±20	1/2000		1	±60$\sqrt{n}$
	1:1000	1000	110						
	1:2000	2000	180						

3. 导线测量的内业计算

导线内业计算的目的，是根据已知的起始数据和外业观测结果，通过误差调整，计算出各导线点的平面坐标。

（1）坐标正、反算

1）坐标正算

概念：根据直线起点的坐标、直线长度及其坐标方位角计算直线终点的坐标，称为坐标正算。已知直线 AB 起点 A 的坐标为 (x_A, y_A)，AB 边的边长及坐标方位角分别为 D_{AB} 和 α_{AB}，需计算直线终点 B 的坐标。

则 B 点坐标的计算公式为：

$$\begin{cases} x_B = x_A + \Delta x_{AB} = x_A + D_{AB}cos\alpha_{AB} \\ y_B = y_A + \Delta y_{AB} = y_A + D_{AB}sin\alpha_{AB} \end{cases} \quad (2-14)$$

例 2 - 2 已知 AB 边的边长及坐标方位角为 $D_{AB} = 135.62$ m，$\alpha_{AB} = 80°36'54''$，若 A 点的坐标为 $x_A = 435.56$ m，$y_A = 658.82$ m，试计算终点 B 的坐标。

解：根据式（2 - 14）得：

$x_B = x_A + D_{AB}cos\alpha_{AB} = 435.56$ m $+ 135.62$ m $\times cos80°36'54'' = 457.68$ m

$y_B = y_A + D_{AB}sin\alpha_{AB} = 658.82$ m $+ 135.62$ m $\times sin80°36'54'' = 792.62$ m

2）坐标反算

概念：根据直线起点和终点的坐标，计算直线的边长和坐标方位角，称为坐标反算。

已知直线 AB 两端点的坐标分别为 (x_A, y_A) 和 (x_B, y_B)，则直线边长 D_{AB} 和坐标方位角 α_{AB} 的计算公式为：

$$D_{AB} = \sqrt{\Delta x_{AB}^2 + \Delta y_{AB}^2} \quad (2-15)$$

$$\alpha_{AB} = \arctan\frac{\Delta y_{AB}}{\Delta x_{AB}} \quad (2-16)$$

应该注意的是坐标方位角的角值范围在 $0° \sim 360°$ 间，而反正切函数的角值范围在 $-90° \sim +90°$ 间，两者是不一致的。按式（2 - 16）计算坐标方位角时，计算出的是 $\left|\arctan\dfrac{\Delta y_{AB}}{\Delta x_{AB}}\right|$，是象限角，并不是真正的坐标方位角。因此，应根据坐标增量 Δx、Δy 的正、负号，按表 2 - 7 决定其所在象限，求出反正切函数 $\arctan\dfrac{\Delta y_{AB}}{\Delta x_{AB}}$ 的大小，再转换成相应的坐标方位角 α_{AB}。

表 2 - 7　坐标增量正、负号及坐标方位角计算

象限	Δx	Δy	$\arctan\dfrac{\Delta y_{AB}}{\Delta x_{AB}}$	坐标方位角 α 的范围	坐标方位角 α
I	+	+	+	$0° \sim 90°$	$\arctan\dfrac{\Delta y_{AB}}{\Delta x_{AB}}$
II	−	+	−	$90° \sim 180°$	$180° + \arctan\dfrac{\Delta y_{AB}}{\Delta x_{AB}}$
III	−	−	+	$180° \sim 270°$	$180° + \arctan\dfrac{\Delta y_{AB}}{\Delta x_{AB}}$
IV	+	−	−	$270° \sim 360°$	$360° + \arctan\dfrac{\Delta y_{AB}}{\Delta x_{AB}}$

例 2 - 3　已知 A、B 两点的坐标分别为 $x_A = 342.99$ m，$y_A = 814.29$ m；$x_B = 304.50$ m，$y_B = 525.72$ m，试计算 AB 的边长及坐标方位角。

解： 由式(2 - 14)可得 A、B 两点的坐标增量为

$$\Delta x_{AB} = x_B - x_A = 304.50 \text{ m} - 342.99 \text{ m} = -38.49 \text{ m}$$
$$\Delta y_{AB} = y_B - y_A = 525.72 \text{ m} - 814.29 \text{ m} = -288.57 \text{ m}$$

根据式(2 - 15)和式(2 - 16)可得：

$$D_{AB} = \sqrt{\Delta x_{AB}^2 + \Delta y_{AB}^2} = \sqrt{(-38.49 \text{ m})^2 + (-288.57 \text{ m})^2} = 291.13 \text{ m}$$

$$\alpha_{AB} = \arctan \frac{\Delta y_{AB}}{\Delta x_{AB}} = \arctan \frac{-288.57 \text{ m}}{-38.49 \text{ m}} = 262°24'09''$$

坐标正反算可利用普通科学计算器的极坐标和直角坐标相互转换功能计算，但也要注意象限问题。

（2）闭合导线计算

1）准备工作

整理外业观测数据，绘制导线图，将外业工作得出的数据，如导线边长 D，水平角 α（连接角、转折角）等，填写到预先绘制好的计算草图上。

2）角度闭合差的计算与调整

①计算角度闭合差

n 边形的内角和理论值为：

$$\sum \beta_{理} = (n - 2) \times 180° \tag{2 - 17}$$

由于测角误差，使得实测内角和 $\sum \beta_{测}$ 与理论值不符，产生的角度闭合差 f_β，即

$$f_\beta = \sum \beta_{理} - \sum \beta_{测} \tag{2 - 18}$$

②计算限差及角度调整

各级导线角度闭合差的容许值 $f_{\beta容}$ 参照表 2 - 6 中规定。当 $f_\beta \leq f_{\beta容}$ 时，可进行闭合差的调整，将 f_β 以相反的符号平均分配到各观测角去。其角度改正数为：

$$\nu_\beta = -\frac{f_\beta}{n} \tag{2 - 19}$$

改正后的角值为：$\beta_i = \beta'_i + \nu_\beta$，当 f_β 不能整除时，则将余数分配到若干短边所夹角度上去。调整后的角值必须满足 $\sum \beta = (n - 2) \times 180°$。否则表示计算有误。

3）各边坐标方位角的推算

根据导线点编号，导线内角改正值和起始边，即可按下列公式依次计算各边的方位角，直到回到起始边。经校核无误，方可继续往下算。

$$\left.\begin{array}{l} \alpha_{前} = \alpha_{后} \pm 180° + \beta_{左} \\ \alpha_{前} = \alpha_{后} \pm 180° - \beta_{右} \end{array}\right\} \tag{2 - 20}$$

4）坐标增量的计算及坐标增量闭合差计算

① 根据闭合导线原来的原理，由某点出发又回到该点，则纵横坐标增量的总和理论值等于零。即：

$$\begin{cases} \sum \Delta x_{理} = 0 \\ \sum \Delta y_{理} = 0 \end{cases} \tag{2 - 21}$$

② 由于误差的存在，其量边误差与改正角值的残留，使得计算的观测值 $\sum \Delta x_{测}$ 与 $\sum \Delta y_{测}$ 不等于零，与理论值之差称为坐标增量闭合差，即：

$$\begin{cases} f_x = \sum \Delta x_{测} - \sum \Delta x_{理} \\ f_y = \sum \Delta y_{测} - \sum \Delta y_{理} \end{cases} \qquad (2-22)$$

③ 由于 f_x，f_y 的存在，使得导线不闭合，如图 2 – 31 所示，而产生导线全长闭合差：

$$f = \sqrt{f_x^2 + f_y^2} \qquad (2-23)$$

全长相对闭合差 $K = \dfrac{f}{\sum D}$，用于衡量导线精度，当 K 在容许范围内时，见表 2 – 6。说明导线精度符合要求，则可进行坐标改正数计算。

5）坐标改正数计算及闭合差调整

坐标增量闭合差的调整原则是：将 f_x 和 f_y 反符号按与边长成正比的方法分配到各坐标增量上去，也就是将计算凑整残余的不符值分配在长边的坐标增量上，则坐标增量的改正数为：

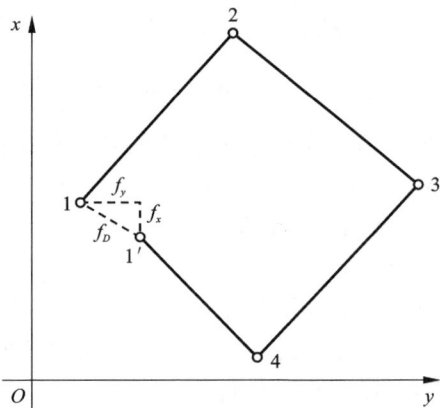

图 2 – 31　导线全长闭合差

$$\begin{cases} u_{x_{ij}} = -\dfrac{f_x}{\sum D} \times D_{ij} \\ u_{y_{ij}} = -\dfrac{f_y}{\sum D} \times D_{ij} \end{cases} \qquad (2-24)$$

作为计算校核，坐标增量改正数之和应满足下式，即

$$\begin{cases} \sum u_x = -f_x \\ \sum u_y = -f_y \end{cases} \qquad (2-25)$$

则改正后的坐标增量为：

$$\begin{cases} \Delta x_{ij} = \Delta x_{ij测} + u_{x_{ij}} \\ \Delta y_{ij} = \Delta y_{ij测} + u_{y_{ij}} \end{cases} \qquad (2-26)$$

6）计算各导线点坐标

根据起始点的已知坐标和改正后的坐标增量，即可按下列公式依次计算各导线点的坐标，即：

$$\begin{cases} x_j = x_i + \Delta x_{ij} \\ y_j = y_i + \Delta y_{ij} \end{cases} \qquad (2-27)$$

用上式最后推算出起始点的坐标，推算值应与已知值相等，以此检核整个计算过程是否有错。

（3）附合导线的计算

附合导线的坐标计算步骤与闭合导线相同。由于两者布置形式不同，从而使角度闭合差和坐标增量闭合差的计算方法也有所不同。下面介绍其不同之处。

1）角度闭合差计算

由于附合导线两端方向已知，则由起始边的坐标方位角和测定的导线各转折角，就可推算出导线终边的坐标方位角。但测角带有误差，致使导线终边坐标方位角的推算值 $\alpha'_{终}$ 不等于已知终边坐标方位角 $\alpha_{终}$，其差值即为附合导线的角度闭合差 f_β，即：

$$f_\beta = \alpha'_{终} - \alpha_{终} \tag{2-28}$$

2）坐标增量闭合差计算

附合导线各边坐标增量代数和的理论值，应等于终、始两已知点的坐标之差。若不等，其差值为坐标增量闭合差，即：

$$\begin{cases} f_x = \sum \Delta x_{测} - (x_{终} - x_{始}) \\ f_y = \sum \Delta y_{测} - (y_{终} - y_{始}) \end{cases} \tag{2-29}$$

附合导线全长闭合差、全长相对闭合差和容许相对闭合差的计算，以及坐标增量闭合差的调整，与闭合导线相同。

技能训练 2-4　导线外业观测

（1）作业流程

```
┌─────────────────────┐
│   借领原图、器具      │
└─────────────────────┘
          ↓
┌─────────────────────┐
│     图上选点         │
└─────────────────────┘
          ↓
┌─────────────────────┐
│ 实地踏勘、选点、埋石、观测 │
└─────────────────────┘
          ↓
┌─────────────────────┐
│   成果整理与计算      │
└─────────────────────┘
          ↓
┌─────────────────────┐
│   上交成果资料       │
└─────────────────────┘
```

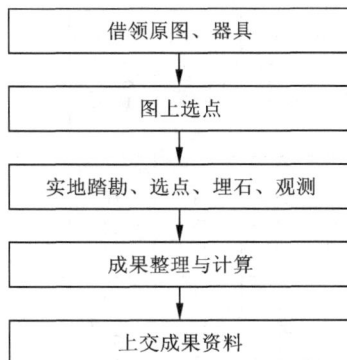

（2）测量仪器及工具

借用：J_6 光学经纬仪 1 台，经纬仪脚架 1 个，全站仪 1 台，脚架 3 个，棱镜 2 个，记录用纸若干。

自备：铅笔、稿纸、计算器等。

（3）实训要求及上交资料

以小组为单位，每组领取 J_6 光学经纬仪 1 台，完成各导线点上的水平角（含连接角）的观测，并将结果记录于表格中。测完角度后再领取全站仪一套，进行各导线边的边长测量，将各导线边的边长按规范要求测量完毕并记录于表格的相应栏目中。

要求每位同学应至少观测一个测站的水平角和边长，同时每人要记录一个测站。

实训指导教师随时进行指导，及时发现问题，并进行点评。点评结束后，对学员针对本任务掌握的情况进行考核，学员应积极主动学习、训练。

表2-8 闭合导线计算导线示例

点号	观测角(左角)	改正数	改正角 4=2+3	坐标方位角 α	距离 D/m	增量计算值 Δx/m	Δy/m	改正后增量 Δx/m	Δy/m	坐标值 x/m	y/m	点号
1	2	3		5	6	7	8	9	10	11	12	13
1				335°24'00"	201.60	+5 +183.30	+2 -83.92	+183.35	-83.90	500.00	500.00	1
2	108°27'18"	-10"	108°27'08"	263°51'08"	263.40	+7 -28.21	+2 -261.89	-28.14	-261.87	683.35	416.10	2
3	84°10'18"	-10"	84°10'08"	168°01'16"	241.00	+7 -235.75	+2 +50.02	-235.68	+50.04	655.21	154.23	3
4	135°49'11"	-10"	135°49'01"	123°50'17"	200.40	+5 -111.59	+1 +166.46	-111.54	+166.47	419.53	204.27	4
5	90°07'01"	-10"	90°06'51"	33°57'08"	231.40	+6 +191.95	+2 +129.24	+192.01	+129.26	307.99	370.74	5
1	121°27'02"	-10"	121°26'52"	335°24'00"						500.00	500.00	1
2												
Σ	540°00'50"	-50"	540°00'00"		1137.80	-0.30	-0.09	0	0			

辅助计算

$\sum \beta_{计算} = 540°00'50''$; $\sum \beta_{理论} = 540°00'00''$; $f_x = \sum \Delta x_{计算} = -0.30 \text{ m}$; $f_y = \sum \Delta y_{计算} = -0.09 \text{ m}$;

$f_s = \sqrt{f_x^2 + f_y^2} = 0.31 \text{ m}$; $K = \dfrac{0.31}{1137.80} \approx \dfrac{1}{3600} < K_{容许} = \dfrac{1}{2000}$;

$f_\beta = \sum \beta_{计算} - \sum \beta_{理论} = +50''$; $f_{\beta容许} = \pm 60'' \sqrt{5} = \pm 134''$; $|f_\beta| < |f_{\beta容许}|$

表2-9 附合导线坐标计算示例

点号	观测角（右角）	改正数	改正角 4=2+3	坐标方位角α	距离D /m	增量计算值 Δx/m	增量计算值 Δy/m	改正后增量 Δx/m	改正后增量 Δy/m	坐标值 x/m	坐标值 y/m	点号
1	2	3	4=2+3	5	6	7	8	9	10	11	12	13
1												13
A				236°44′28″								A
B	205°36′48″	−13″	205°36′35″	211°07′53″	125.36	+4 / −107.31	−2 / −64.81	−107.27	−64.83	1536.86	837.54	B
1	290°40′54″	−12″	290°40′42″	100°27′11″	98.76	+3 / −17.92	−2 / +97.12	−17.89	+97.10	1429.59	772.71	1
2	202°47′08″	−13″	202°46′55″	77°40′16″	114.63	+4 / +30.88	−2 / +141.29	+30.92	+141.27	1411.70	869.81	2
3	167°21′56″	−13″	167°21′43″	90°18′33″	116.44	+3 / −0.63	−2 / +116.44	−0.60	+116.42	1442.62	1011.08	3
4	175°31′25″	−13″	175°31′12″	94°47′21″	156.25	+5 / −13.05	−3 / +155.70	−13.00	+155.67	1442.02	1127.50	4
C	214°09′33″	−13″	214°09′20″	60°38′01″						1429.02	1283.17	C
D												D
Σ	1256°07′44″	−77″	1256°06′25″		641.44	−108.03	+445.74	−107.84	+445.63			

辅助计算

$\alpha'_{CD} = \alpha_{AB} + 6 \times 180° - \sum \beta_{右} = 60°36'44''$; $\sum \Delta x_{计算} = -108.03$; $\sum \Delta y_{计算} = +445.74$;

$f_\beta = \alpha'_{CD} - \alpha_{CD} = +1'17''$; $\sum \Delta x_{理论} = x_C - x_D = -107.84$; $\sum \Delta y_{理论} = y_C - y_D = +445.63$;

$f_{\beta容许} = \pm 60''\sqrt{6} = \pm 147''$; $f_x = -0.19$ m; $f_y = +0.11$ m; $f_s = \sqrt{f_x^2 + f_y^2} = 0.22$ m;

$|f_\beta| < |f_{\beta容许}|$; $K = \dfrac{0.22}{641.44} = \dfrac{1}{2900} < K_{容许} = \dfrac{1}{2000}$

技能训练 2 - 5 导线内业计算

第 1 题：如图已知数据和观测数据列于表中，请按附合导线的形式完成导线内业计算，得出 A_2、A_3、A_4 点的坐标。

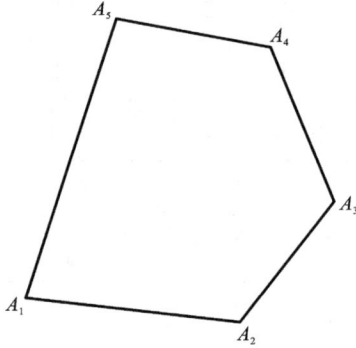

已知数据：

点名	X 坐标	Y 坐标
A_5	1158.486	1050.000
A_1	1000.000	1000.000

观测数据：（均为内角）

点名	观测角	观测边长
A_1	84°49′06″	
		138.675
A_2	149°52′04″	
		129.370
A_3	76°29′08″	
		134.423
A_4	134°57′43″	
		142.829
A_5	93°51′52″	

第 2 题：如图，已知数据和观测数据列于表中，请按闭合导线的形式完成导线内业计算，得出 B_1 到 B_5 点的坐标。

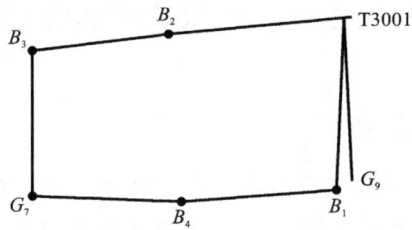

T3001 点上的第一个角为 T3001 – G_9 方向与 T3001 – B_2 方向之间的小角度。T3001 点上的第二个角为 T3001 – G_9 方向与 T3001 – B_1 方向之间的大角度。

已知数据：

点名	X 坐标	Y 坐标
G_9	108136.288	57416.049
T3001	108211.323	57413.509

观测数据：

点名	观测角	观测边长
T3001	86°35′35″	
		77.861
B_2	178°19′32″	
		59.953
B_3	96°55′10″	
		65.412
G_7	91°43′35″	
		64.123
B_4	175°02′32″	
		69.711
B_1	95°42′43″	
		77.793
T3001	355°42′25″	

任务 2.2 小地区高程控制测量

2.2.1 高程控制测量概述

为了进行各种比例尺的测图和工程放样，除了要建立平面控制网外，还需要建立高程控制网。高程控制测量的任务，就是在测区布设一批高程控制点，即水准点，用精确方法测定它们的高程，构成高程控制网。高程控制测量的主要方法有水准测量和三角高程测量。

1. 国家高程控制网

国家高程控制网是用精密水准测量的方法建立起来的，所以又称国家水准网。国家水准网分为一、二、三、四共 4 个等级。一等水准网是沿平缓的交通路线布设成周长约 1500 km 的环形路线。一等水准网是精度最高的高程控制网，它是国家高程控制的骨干，同时也是研究地壳和地面垂直运动以及有关科学问题的主要依据，每隔 15 ~ 20 年沿相同的路线重复观测一次。二等水准网是布设在一等水准环形内，形成周长为 500 ~ 750 km 的环线。它是国家高程控制网的全面基础。三、四等级水准网是直接为地形测图或工程建设提供高程控制点。三等水准网一般布置成附合在高级点间的附和水准路线。四等水准网均为附合在高级点间的附合水准路线。

2. 国家高程控制网的布设原则

国家高程控制网的布设也是按照由整体到局部、由高级到低级，分级布设、逐级控制的原则。

3. 工程建设中的高程控制网

对于城市或工矿企业等局部地区的高程控制，也是按照由高级到低级分级布设的原则。各等级高程控制宜采用水准测量，四等及以下等级可采用电磁波测距三角高程测量，五等也可采用 GPS 拟合工程测量。视测区的大小，各等级水准均可作为测区的首级高程控制。首级网应布设成环形路线，加密时宜布设成附合路线或结点网。独立的首级网，应以不低于首级网的精度与国家水准点联测。当小测区联测有困难时，也可采用假定高程系统。水准点应有一定的密度，一般沿水准路线每 1 ~ 3 km 埋设一点，埋设后应绘制"点之记"。水准观测须待埋设的水准点稳定后方可进行，但一个测区及周围至少应有 3 个高程控制点。

4. 高程测量的方法

高程控制测量的方法主要有水准测量和三角高程测量。

2.2.2 水准测量

1. 水准测量原理

水准测量的原理就是利用水准仪提供的水平视线，分别照准竖立在两点上的水准尺并读数，直接测定出地面上两点间的高差，然后根据已知点的高程推算出待定点的高程。

如图 2 - 32 所示，已知 A 点高程 H_A，欲测定 B 点的高程 H_B，可在两点的中间安置一台能提供水平视线的仪器——水准仪，并分别在 A、B 两点上各竖立一根有刻划的标尺——水准尺，用水准仪的水平视线分别读取 A、B 两点上的水准尺读数。若水准测量是由 A 点到 B 点方向，则规定 A 为后视点，其标尺读数 a 称为后视读数；B 为前视点，其标尺读数 b 称为前视

读数。根据集合学中平行线的性质可知，A 点到 B 点的高差或 B 点相对于 A 点的高差为

$$h_{AB} = a - b \tag{2-30}$$

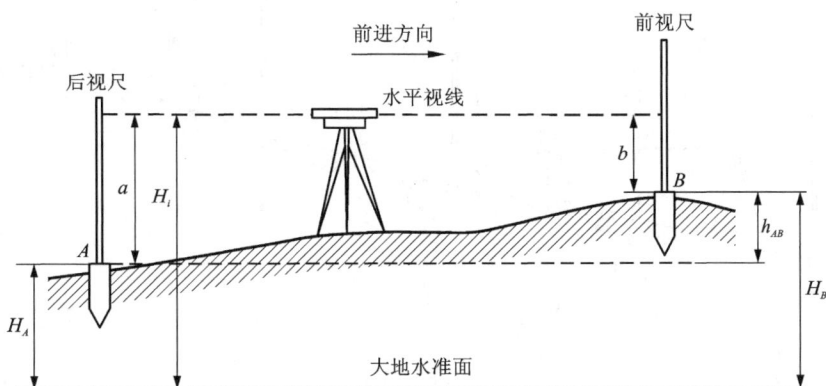

图 2-32 水准测量原理

因此，A、B 两点间的高差等于后视读数减去前视读数。当读数 $a > b$ 时，高差为正值，说明 B 点高于 A 点；反之，当读数 $a < b$ 时，则高差为负值，说明 B 点低于 A 点。

则待定点 B 点的高程为：

$$H_B = H_A + h_{AB} \tag{2-31}$$

由视线高计算 B 点高程的方法，在建筑工程测量中被广泛应用。如图 2-32 可知，A 点的高程加上后视读数等于水准仪的视线高程，简称视线高，设为 H_i，即：

$$H_i = H_A + a \tag{2-32}$$

则 B 点的高程等于视线高减去前视读数，即：

$$H_B = H_i - b = (H_A + a) - b \tag{2-33}$$

2. 线路水准测量原理

如果 A、B 两点相距较远或高差较大且安置一次仪器无法测得其高差时，就需要在两点间增设若干个作为传递高程的临时立尺点称为转点（TP），如图 2-33 中的 TP_1，TP_2，$\cdots$，TP_n 点，并依次连续设站观测，A、B 两点间的高差计算公式为：

$$h_{AB} = \sum_{i=1}^{n} h_i = \sum_{i=1}^{n} a_i = \sum_{i=1}^{n} b_i \tag{2-34}$$

3. 水准仪基本结构

水准测量所使用的仪器为水准仪，工具有水准尺和尺垫。水准仪的作用是提供一条水平视线，能照准离水准仪一定距离处的水准尺并读取尺上读数。通过调整水准仪使管水准气泡居中获得水平视线的水准仪称为微倾式水准仪，如图 2-35。通过补偿器获得水平视线读数的水准仪称为自动安平水准仪，如图 2-36。我国按水准仪精度指标将其划分为 DS_{05}，DS_1，DS_3 和 DS_{10} 四个等级，D 和 S 分别表示"大地测量"和"水准仪"汉语拼音的第一个字母，数字 05、1、3、10 等指用该类型水准仪进行水准测量时，每公里往、返测高差中数的偶然中误差值，分别不超过 0.5 mm、1 mm、3 mm、10 mm。一般可省略"D"只写"S"，建筑工程中常采用的是 S_3 型水准仪。

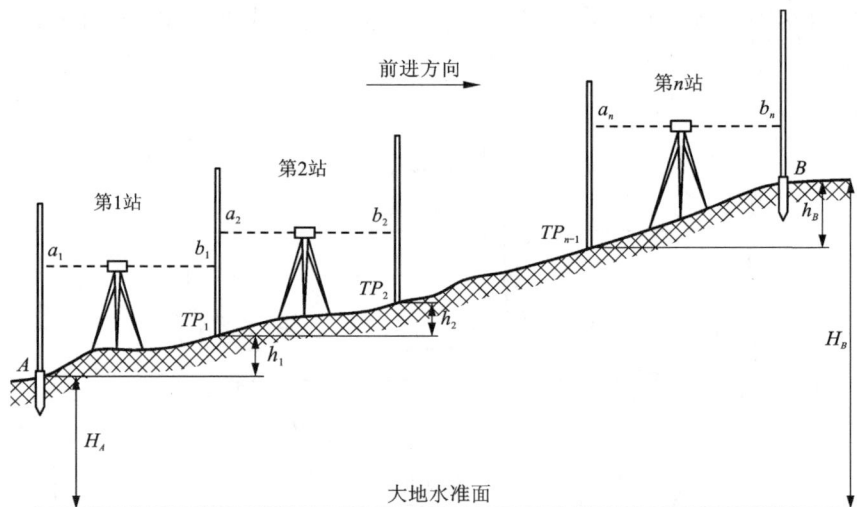

图 2 – 33　连续设站水准测量原理

　　水准仪主要由望远镜、水准器和基座三部分组成。照准部主要由望远镜和管水准器组成，二者连为一体是水准测量的前提，在微倾螺旋的作用下，二者可同时作微小倾斜，当管水准器的气泡居中时，标志着望远镜的视线水平。照准部可绕竖直轴在水平方向上旋转，水平制动和水平微动可控制其左右转动，用以精确瞄准目标。使用仪器时，中心螺旋将仪器与三脚架头连接起来，旋转基座上的脚螺旋，使圆水准气泡居中，则视准轴大致处于水平位置，三脚架可以伸缩和收拢，为架设仪器提供方便。如图 2 – 34 为 DS_3 微倾式水准仪的外观。

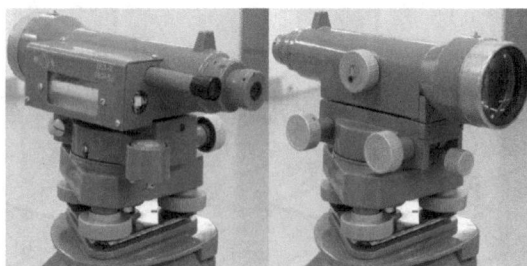

图 2 – 34　DS_3 型水准仪的外观

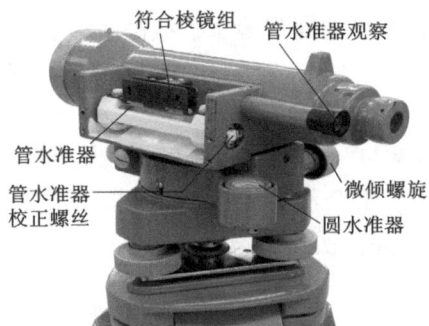

图 2 – 35　微倾式水准仪的结构

　　（1）望远镜

　　望远镜是水准仪上的重要部件，用来瞄准远处的水准尺进行读数，它由物镜、调焦透镜、调焦螺旋、十字丝分划板和目镜组成，如图 2 – 37 所示。

　　物镜由两片以上的透镜组成，作用是与调焦透镜一起使远处的目标成像在十字丝平面上，形成缩小的实像。旋转调焦螺旋，可使不同距离目标的成像清晰地落在十字丝分划板上，称为调焦或物镜对光。目镜也是由一组复合透镜组成，其作用是将物镜所成的实像连同十字丝一起放大成虚像，转动目镜调焦螺旋，可使十字丝影响清晰，称目镜对光。

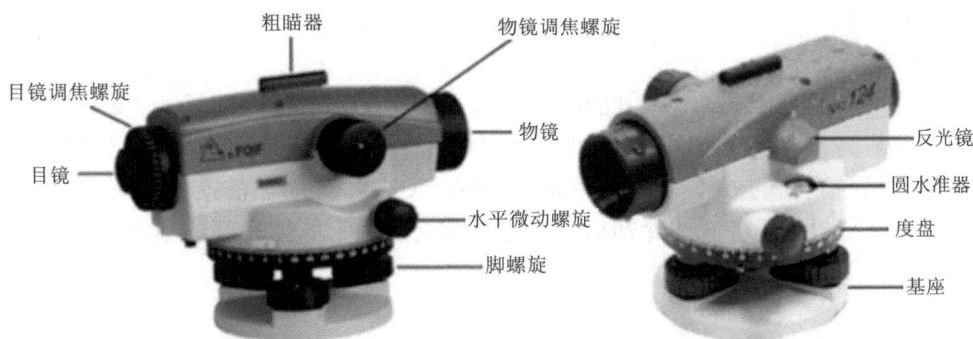

图 2-36　自动安平水准仪

十字丝分划板是安装在镜筒内的一块光学玻璃板，如图 2-38 所示，上面刻有两条互相垂直的十字丝，竖直的一条称为纵丝，水平的一条称为横丝或中丝，与横丝平行的上下两条对称的短丝称为视距丝，用以测定距离。水准测量时，用十字丝交叉点和中丝瞄准目标并读数。

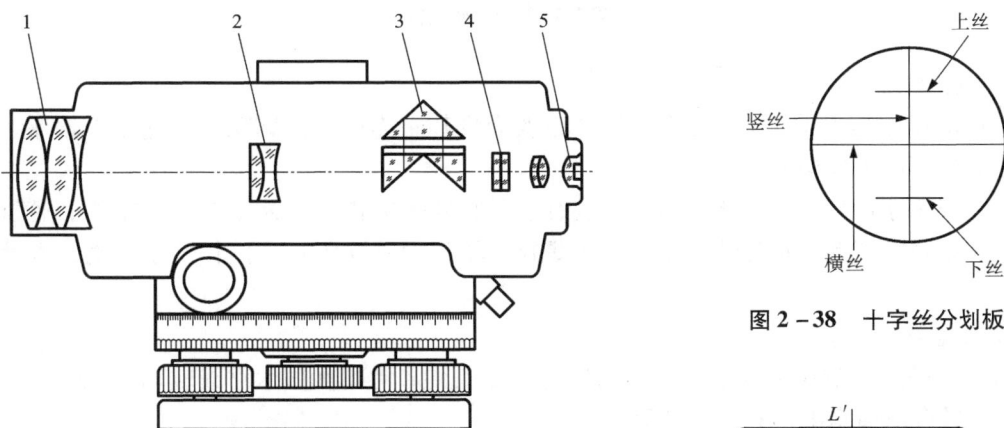

图 2-37　自动安平水准仪望远镜

1—物镜；2—物镜调焦透镜；3—补偿器棱镜组；4—十字丝分划板；5—目镜

图 2-38　十字丝分划板

（2）圆水准器

水准器主要用来整平仪器、指示视准轴是否处于水平位置，是操作人员判断水准仪是否整平正确的重要部件。自动安平水准仪上只有圆水准器，它的外形如图 2-39 所示，顶部玻璃的内表面为球面，内装有乙醚溶液，密封后留有气泡。球面中心刻有圆圈，其圆心 O 为圆水准器零点，过零点 O 的球面法线为圆水准器轴 $L'L'$。当圆水准气泡居中时，圆水准器轴处于竖直位置；当气泡不居中时，气泡偏移零点 2 mm 时，轴线所倾斜的角度值，称为圆水准器的分划值 τ'。τ' 一般为 $8' \sim 10'$。

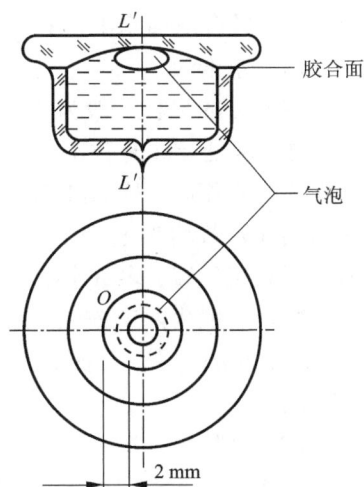

图 2-39　圆水准器

59

自动安平水准仪在整平时只需要对圆水准器进行整平即可，大大缩短了仪器安置的时间，提高测量效率。

（3）管水准器

管水准器由玻璃管制成，其纵剖面的内表面为具有一定半径的圆弧，灵敏度高的水准器的圆弧半径一般为80～100 m，最精确的可达200 m。内表面琢磨后，将一端封闭，由开口的一端注入轻质而易流动的液体如氯化钾或乙醚等，装满后再加热使液体膨胀而排出去一部分，然后将开口端封闭，待液体冷却后，管内即形成了一个气体充塞的小空间，这个空间称为水准气泡。如图2－40所示。

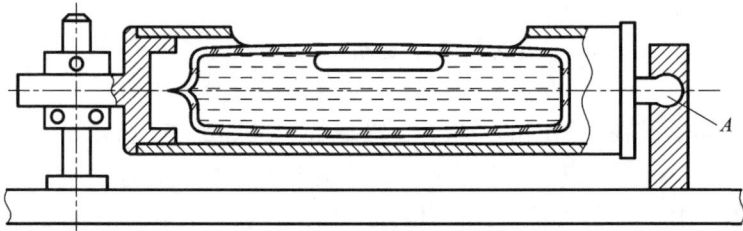

图2－40　管水准器

（4）基座

基座的作用是支承仪器的上部，用中心螺旋将基座连接到三脚架上。基座由轴座、焦螺旋、地板和三角压板构成。

自动安平水准仪除上述部分外，还装有水平制动螺旋和水平微动螺旋。拧紧水平制动螺旋时，仪器固定不动，此时转动水平微动螺旋，使望远镜在水平方向作微小转动，用以精确照准目标。

4．水准尺和尺垫

水准尺是与水准仪配合进行水准测量的重要工具。常用优质木材或玻璃钢、金属材料制成，水准尺有双面水准尺和塔尺两种。

（1）水准尺

双面尺的尺长一般为3 m，如图2－41所示，尺面每隔1 cm涂以黑白或红白相间的分格，每分米处皆注有数字。尺子底面钉有铁片，以防磨损。涂黑白相间的一面称为黑面，另一面为红白相间，称为红面。在水准测量中，水准尺必须成对使用。每对双面水准尺的黑面底部的起始数均为零，而红面底部的起始数分别为4687 mm和4787 mm。为使水准尺更精确地处于竖直位置，多数水准尺的侧面装有圆水准器。

塔尺一般由两节或三节套接而成，可以伸缩，如图2－41所示，其全长有3 m或5 m两种，尺的底部为零，尺面分划值为1 cm或0.5 cm。因塔尺连接处稳定性较差，仅适用于等外水准测量。

（2）尺垫

尺垫如图2－42所示，一般由铸铁制成，中间有一个突起的球状圆顶，下部有三个尖脚。使用时将尖脚踩入地下踏实，然后将尺立于圆球顶部。尺垫只能用于转点上，作用是防止点位移动和水准尺下沉。

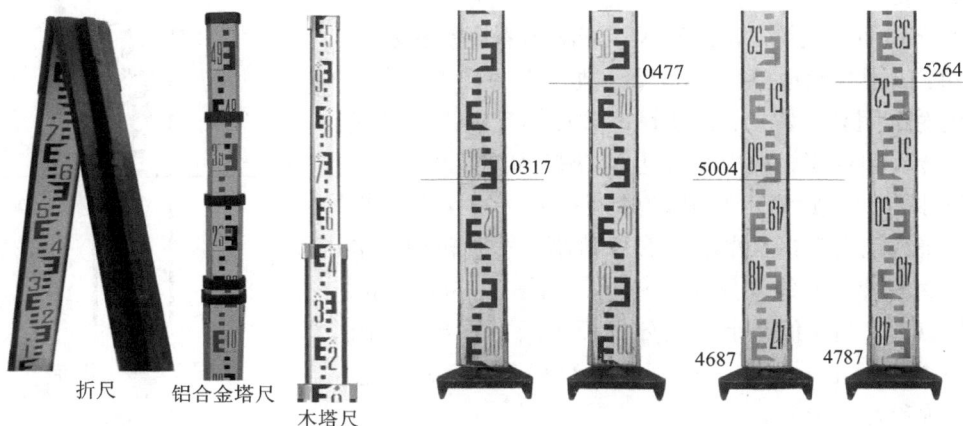

折尺　铝合金塔尺　木塔尺

图 2－41　水准标尺

5. 使用水准仪

自动安平水准仪的基本操作内容按程序分为连接仪器、整平、瞄准、读数；微倾式水准仪的基本操作内容按程序分为连接仪器、粗平、瞄准、精平、读数。

整置水准仪的内容包括连接仪器和整平仪器，方法如下：

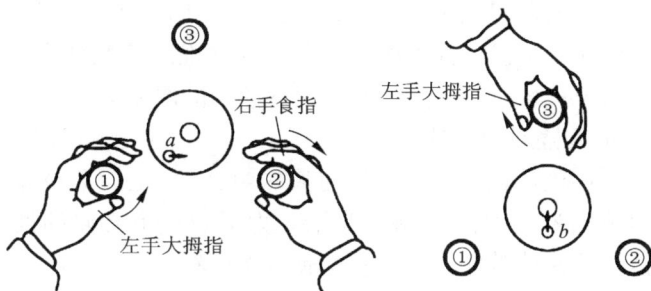

图 2－42　尺垫

（1）连接仪器

首先松开三脚架架腿的固定螺旋，根据观测者的高度，伸缩三个架腿使其高度适中，目估脚架顶面大致水平，用脚踩实架腿，使脚架稳定、牢固。三脚架安置好后，从仪器箱取出仪器，旋紧中心连接螺旋将仪器固定在架顶面上。

（2）粗平

粗平的标志是圆水准器气泡居中。

通过用手动三个架腿中的一个使圆水准器气泡大致居中，然后再稍动脚螺旋使圆水准器气泡居中。如图 2－43 所示，当气泡中心偏离零点位于 a 处时，可先选择一对脚螺旋①、②，用双手以相对方向转

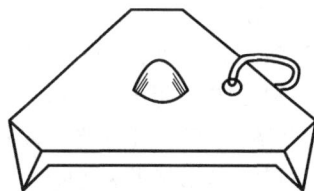

图 2－43　粗平

动两个脚螺旋，使气泡移至两脚螺旋连线的中间 b 处；然后再转动脚螺旋③使气泡居中。此项工作反复进行，直至在任意位置气泡都居中。

旋转脚螺旋使气泡居中的目的是为了使仪器的竖轴处于铅垂状态，从而使望远镜的视准轴大致水平。

注意气泡的移动规律：气泡总是往高处走的，气泡在哪端就说明哪端高了；另外气泡的移动方向始终是跟左手大拇指的移动方向一致的，如图 2－43 所示，气泡在左边，那么①号脚螺旋应往内（右边）转动，②号也往内（左边）转动。

（3）瞄准

瞄准就是使望远镜对准水准尺，清晰地看到目标和十字丝成像，以便准确地进行水准尺读数。方法如下：首先将望远镜对准明亮的背景，转动目镜调焦螺旋使十字丝成像清晰；转动望远镜，利用镜筒上的缺口和准星的连线，粗略瞄准水准尺，旋紧水平制动螺旋；转动物镜调焦螺旋，并从望远镜内观察至水准尺影像清晰，然后转动水平微动螺旋，使十字丝纵丝照准尺中央，如图 2 – 44 所示。注意消除视差，当尺像与十字丝分划板平面不重合时，眼睛靠近目镜微微上下移动，发现十字丝和镜像有相对移动，这种现象称为视差。

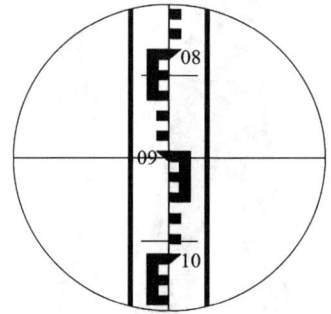

图 2 – 44　瞄准

视差会带来读数误差，所以观测中必须消除。消除视差的方法是：反复仔细地调节物镜、目镜调焦螺旋，直到眼睛上下移动时读数不变为止。

（4）精平

对微倾式水准仪而言，在进行中丝读数之前，必须使管水准器气泡居中才能读数，这一工作称为精平。这是水准测量的关键，观测时切不可忽略。具体操作方法是：旋转微倾螺旋使管水准器两半影像严密吻合，则表示气泡严格居中。由于气泡移动有惯性，所以在旋转微倾螺旋时速度不宜过快，而且要等气泡影像严密吻合稳定后，才能进行中丝读数。

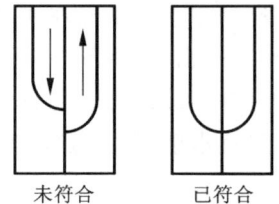

未符合　　　已符合

图 2 – 45　精平

而自动安平水准仪则内有自动补偿器，没有管水准器，故没有精平这一步。

（5）读数

水准测量的读数包括视距读数和中丝读数。利用上、下两条视距丝直接读取仪器到标尺的距离，这就叫直接视距读数。直接视距读数的方法是：照准标尺，旋转微倾螺旋，使上丝切准某一整分划，数出上丝到下丝间的厘米数 L，将 L 乘以 100 即为所读距离，就是说标尺上 1 cm 间隔对应实地 1 m。

中丝读数是水准测量的基本功之一，必须熟练掌握。中丝读数是在精平后即刻进行，直接读出米、分米、厘米、毫米。为了防止不必要的误会，习惯上只报读四位数字，不读小数点。视距读数时，管水准气泡不需要符合，而中丝读数是用来测定高差的，因而进行中丝读数时必须先使管水准气泡居中。

读数时，要弄清标尺上的数字注记形式。大部分水准尺的注记形式如图 2 – 46 所示，即分米数字注记在整分划线数值增加的一边，这样的注记读数较方便。由于水准仪有正像和倒像两种，读数时注意从小数向大数读。

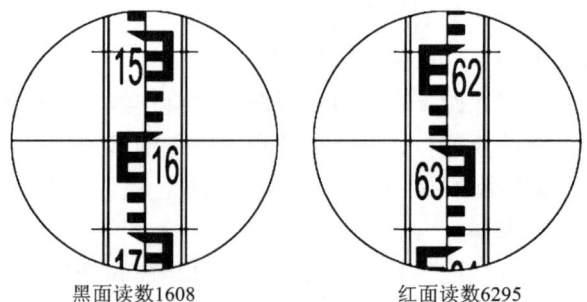

黑面读数1608　　　红面读数6295

图 2 – 46　水准标尺的读数

（6）注意事项

1）搬运仪器前，须检查仪器箱是否扣好或锁好，提手和背带是否牢固；

2）取出仪器时，应先看清仪器在箱内的安放位置，以便使用完毕后照原样装箱，仪器取出后，应盖好仪器箱子；

3）安置仪器时，注意拧紧架腿螺旋和中心连接螺旋，在测量过程中作业员不得离开仪器，特别是在建筑工地等处工作时，更须防止意外事故发生，为避免仪器被暴晒或雨淋，应撑伞遮住仪器；

4）操作仪器时，制动螺旋不要拧得过紧，转动仪器时必须先松开制动螺旋，仪器制动后，不得用力扭转仪器；

5）迁站时，若距离较近，可将仪器各制动螺旋固紧，收拢三脚架，一手持脚架，一手托住仪器搬移，若距离较远时，应装箱搬运；

6）仪器装箱前，先清除仪器外部灰尘，松开制动螺旋，将其他螺旋旋至中部位置，按仪器在箱内的原安放位置装箱；

7）仪器装箱后，应放在干燥通风处保存，注意防潮、防霉、防碰撞。

技能训练 2 – 6　认识水准仪

（1）作业流程

```
领取仪器
  ↓
开箱观察仪器
  ↓
安置仪器
  ↓
粗略整平仪器
  ↓
调焦、照准目标、精确整平仪器
  ↓
收仪器
```

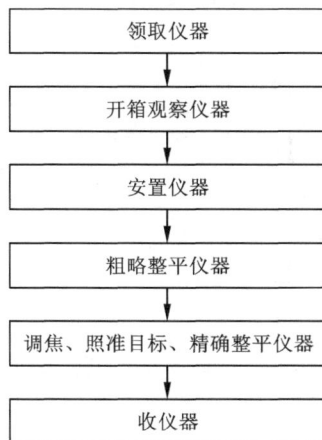

（2）测量仪器及工具

借用：DS$_3$ 型水准仪 1 台（含脚架），双面水准标尺一副，尺垫一副。

自备：铅笔、稿纸。

（3）实训要求及上交资料

以小组为单位，每组领取 DS$_3$ 型水准仪 1 台（含脚架），双面水准标尺一副，尺垫一副。

每人必须熟悉水准仪各部件的名称和作用，仪器出箱时要看清仪器装箱示意图。注意轻拿轻放。

轮流做仪器整置练习，安置仪器时要注意仪器跌落。只有当仪器完全连接好后手才能松开仪器。并对仪器进行粗平和精平的练习。

轮流立标尺。立标尺时要双手扶住标尺，人直立站在标尺后面，使标尺上的水准气泡位于中间位置。

做标尺上读数练习。每人在黑、红面利用普通水准仪的上、中、下三丝各读十组数据；每人在基、辅分划上利用精密水准仪的上、中、下各读十组数据。

实训指导教师随时进行指导，及时发现问题，并进行点评。点评结束后，对学员针对本任务掌握的情况进行考核，学员应积极主动学习、训练。

6. 水准测量外业工作

国家水准测量按精度要求不同分为一、二、三、四等，不属于国家规定等级的水准测量一般称为等外水准测量。等外水准测量的精度比国家等级水准测量低，水准路线的布设及水准点的密度可根据实际要求有较大的灵活性，等级水准测量和等外水准测量的作业原理相同。

(1)布设水准点和水准路线

1)水准点

为统一全国的高程系统和满足各种测量的需要，国家各级测绘部门在全国各地埋设了很多固定测量标志，并用水准测量的方法测定了它们的高程，这些点称为水准点，一般用 BM 表示。

水准点分为永久性水准点和临时性水准点两种。国家等级的水准点应按要求埋设永久性水准点，一般用混凝土预制而成，顶面嵌入半球形金属标志表示该水准点的点位，如图 2-47 所示。不需永久保存的水准点，可在地面上打入木桩，或在坚硬的岩石、建筑物上设置固定标志，并用红色油漆标注记号和编号。如图 2-48 所示。水准点埋设后，为便于以后使用时查找，需绘制说明点位的平面图，称为"点之记"。

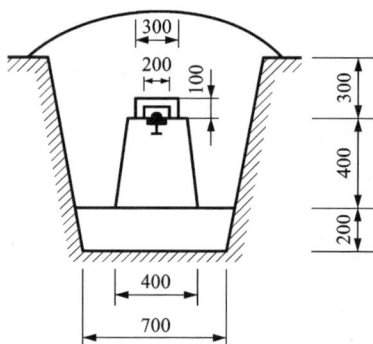

图 2-47　永久性水准点

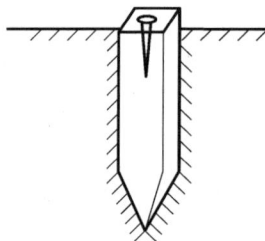

图 2-48　临时性水准点

2)水准路线

进行水准测量前必须先作技术设计，其目的在于从全局考虑统筹安排，使整个水准测量任务有计划地顺利完成。此项工作的好坏将直接影响到水准测量的速度、质量及其相关的工程建设。因此，要求测量工作者在开展工作之前必须做好水准路线的拟定工作。

水准路线的拟订工作包括水准路线的选择和水准点位的确定。

选择水准路线的基本要求是必须满足具体任务的要求。如施测国家三、四等水准测量，它们必须以高一等级的水准点为起始点，并较为均匀地分布水准点的位置。不同等级的水准测量和不同性质的工程建设，其精度要求是不同的，各自有各自的目标，因此拟订水准路线时应按规范要求进行。

拟订水准路线一般首先要收集现有的小比例尺地形图，收集测区已有的水准测量资料，包括水准点的高程、精度、高程系统、施测年份以及施测单位。设计人员还应亲自到现场勘察，核对地形图的正确性，了解水准点的现状，例如是保存完好还是已被破坏。在此基础上根据任务要求确定如何合理使用已有资料，然后进行图上设计。一般来说，对精度要求高的水准路线应沿着公路、大路布设，对精度要求低的水准路线也应尽可能沿各道路布设，目的在于路线通过的地面要坚实，使仪器和标尺都能稳定。为了不增加测站数，并保证足够的精度，还应使路面的坡度较小，水准点的位置应在拟定水准路线的同时考虑，对于较大的测区，如果水准路线布设成网状，则应考虑平差计算的初步方案，以便内业工作顺利进行。

图上设计完成后，绘制一份水准路线布设图，图上按一定比例绘出水准路线，水准点的位置，注明水准路线的等级、水准点的编号。单一水准路线有以下三种布设形式：

①附合水准路线

从一个已知高级水准点出发，沿路线上各待测高程的点进行水准测量，最后附合到另一个已知高级水准点上，这种水准路线称为附合水准路线。如图2-49(a)所示。

②闭合水准路线

从一个已知高级水准点出发，沿环线上各待测高程的点进行水准测量，最后仍返回到原已知高级水准点上，称为闭合水准路线。如图2-49(b)所示。

③支水准路线

从一个已知高级水准点出发，沿路线上各待测高程的点进行水准测量，既不附合到另一个高级水准点上，也不自行闭合，称为支水准路线。如图2-49(c)所示。

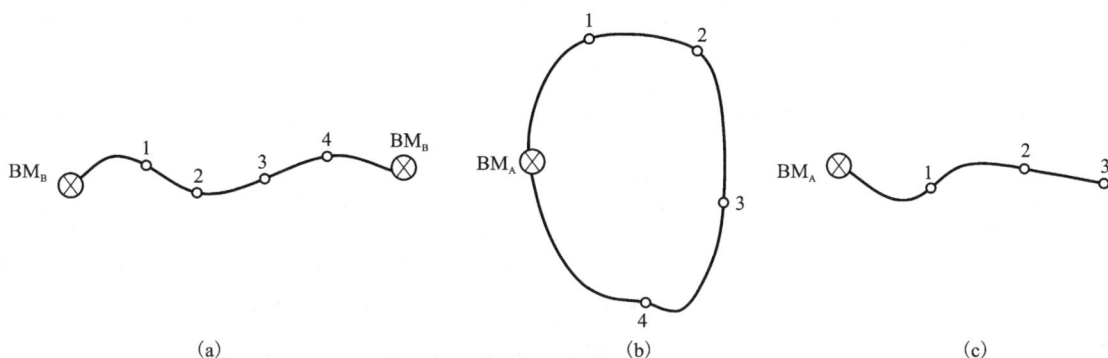

图2-49 水准路线

(a)附合水准路线；(b)闭合水准路线；(c)支水准路线

附合水准路线和闭合水准路线因为有检核条件，一般采用单程观测；支水准路线没有检核条件，必须进行往、返观测，来检核观测数据的正确性。

(2)水准测量线路观测

水准线路的观测工作根据等级不同，其观测顺序、测站限差、路线长度等都不同。

1)普通水准测量的观测程序

普通水准测量又称等外水准测量或图根水准测量，也称为五等水准测量。它主要用于加密高程控制点且直接为地形测图服务，也广泛用于土木工程施工中。

普通水准测量测记中丝读数，求得测站的高差，推求线路高差。

将水准标尺立于已知高级水准点上，作为后视。将水准仪安置于水准路线适当的位置，在施测路线的前进方向上适当的位置放置尺垫，并将尺垫踩实放好。在尺垫上竖立水准尺作为前视。水准仪到两根水准尺的距离应基本相等，仪器到水准尺的距离不得大于 150 m；将仪器粗平后，瞄准后尺，消除视差，精平，读取中丝读数，记入观测手簿；调转水准仪，瞄准前尺，消除视差，精平，读取中丝读数，记入观测手簿。记录员根据记录的读数计算高差；将仪器搬至第二站，第一站的前尺不动，变成第二站的后尺，第一站的后尺移到前面适当的位置作为第二站的前尺，按第一站相同的观测程序进行第二站测量。

顺序沿水准路线前进方向观测完毕。

表 2-10 为普通水准测量计算及计算检核表。

表 2-10 普通水准测量记录手簿

测自　　点至　　点　　　　　　　　天气：　　　　　　　　　　日期：

仪器号码：　　　　　　　　　　观测者：　　　　　　　　记录者：

测站	测点	后视读数 /m	前视读数 /m	高差/m		高程/m	备注
				+	−		
1	BM₁	1.958		0.705		36.524	
	转点1		1.253				
2	转点1	1.234			0.598		
	转点2		1.832				
3	转点2	1.697		0.851			
	转点3		0.846				
4	转点3	2.356		0.824			
	BM₂		1.532			38.306	
Σ		7.245	5.463	2.380	0.598		
计算检核	$\sum a - \sum b = 7.245 - 5.463 = +1.782$ $\sum h = 2.380 - 0.598 = +1.782$ $H_终 - H_始 = 38.306 - 36.524 = +1.782$						

注意事项：

①在已知高程点和待测高程点上立尺时，应直接放在水准点上；

②仪器到前、后水准尺的距离要大致相等，可用视距或脚步量测确定；

③水准尺要扶直，不能前后左右倾斜；

④尺垫仅用于转点，仪器迁站前，不能移动后视点的尺垫；

⑤不得涂改原始读数的记录，读错或记错的数据应划去，再将正确数据写在上方，并在相应的备注栏内注明原因，记录簿要干净、整齐。

2）等外水准测量的观测程序

等外使用仪器一般为 S₃ 或 S₁₀ 型水准仪，水准标尺为具有厘米区格式分划的双面或单面标尺;一测站的观测顺序为后、后、前、前;开始观测之前应按规范要求对仪器进行全面的检查校正。等外水准测量 I 角应小于 30 秒;按中丝法读数,附合、闭合水准路线单程观测,支线水准应往返观测或单程双测,估读到 mm;观测结果要符合等外水准的限差要求;水准测量最好在成像清晰及大气稳定的时间内进行,并用伞遮住阳光,不使仪器受暴晒;为消除标尺零点不等差,每一测段的测站数尽量为偶数;工作间歇时,一般应间歇在固定点上,如不可能时,应间歇在打入地下的三个木桩。两间歇点间歇前后的高差之差不大于 6 mm 时,可以继续往前观测。

将水准标尺立于已知高级水准点上,作为后视。将水准仪安置于水准路线适当的位置,在施测路线的前进方向上适当的位置放置尺垫,并将尺垫踩实放好。在尺垫上竖立水准尺作为前视。水准仪到两根水准尺的距离应基本相等,仪器到水准尺的距离不得大于 150 m;将仪器粗平后,瞄准后尺黑面,消除视差,精平,读取视距和中丝读数,记入观测手簿;再照准后尺红面,读取红面中丝读数并记入手簿;调转水准仪,瞄准前尺黑面,消除视差,精平,读取视距中丝读数,记入观测手簿;再照准前尺红面,读取红面中丝读数并记入手簿;记录员根据记录的读数计算高差;将仪器搬至第二站,第一站的前尺不动,变成第二站的后尺,第一站的后尺移到前面适当的位置作为第二站的前尺,按第一站相同的观测程序进行第二站测量。顺序沿水准路线前进方向观测完毕。

观测手簿见表 2 - 11。

表 2 - 11 等外水准测量观测手簿

日期: 　　开始时刻: 　　结束时刻: 　　作业组:
天气: 　　成像: 　　风向: 　　观测者:
仪器: 　　测自: 　　至: 　　记录者:

测站编号	后尺	下丝	前尺	下丝	方向及尺号	标尺读数		K + 黑减红	高差中数	备注
		上丝		上丝		黑面	红面			
	后 距		前 距							
	视距差		视距累积差							
	(1)		(4)			(3)	(8)	(14)		
	(2)		(5)			(6)	(7)	(13)		
	(9)		(10)			(16)	(17)	(15)	(18)	
	(11)		(12)							
1					后	1173	5861	−1		
					前	2553	7340	0		
	16		14		后 − 前	−1380	1479	−1		
	+2		+2							
2					后	1377	6163	+1		
					前	1710	6396	+1		
	16		17		后 − 前	−0333	−233	0		
	−1		+1							

3）四等水准测量的观测顺序

四等水准测量观测应在通视良好、成像清晰稳定的情况下进行。一般采用双面水准标尺和中丝法进行观测，而且每站按后—后—前—前或黑—红—黑—红的顺序进行观测。每站的记录格式如表 2–12。

具体操作步骤如下：用圆水准器整平仪器，并使符合水准气泡的影像分离不大于 1 cm，然后测定前后视的概略视距，并使之符合限差要求；照准后视标尺的黑面，旋转倾斜螺旋，使管水准器的气泡居中，先用下丝和上丝在标尺上读数，再用中丝读数，并将上、中、下三丝的读数分别记入手簿（1）（2）（3）栏内；照准后视标尺的红面，按后视标尺黑面的读数的方法进行操作并将中丝读数记于观测手簿（8）栏内；旋转照准部，照准前视标尺的黑面，旋转倾斜螺旋使管水准器的气泡居中，先用中丝读数，再用下、上丝读数，并将中、下、上三丝的读数分别记于观测手簿（4）（5）（6）栏内；照准前视标尺的红面，转动微倾螺旋使管水准气泡居中，用中丝读数，并将读数记于观测手簿的（7）栏内。

表 2–12　四等水准测量观测手簿

日期：　　　　　　　　开始时刻：　　　　　　　　结束时刻：
天气：　　　　　　　　成像：　　　　　　　　　　观测者：
测自：　　　　　　　　至：　　　　　　　　　　　记录者：

测站编号	后尺 下丝 上丝	前尺 下丝 上丝	方向及尺号	标尺读数		K＋黑－红	高差中数	备注
	后　距	前　距		黑　面	红　面			
	视距差	视距累积差						
	（1）	（5）		（3）	（8）	（10）		K 为水准尺常数
	（2）	（6）		（4）	（7）	（9）		
	（15）	（16）		（11）	（12）	（13）	（14）	
	（17）	（18）						
1	1253	2624	后	1173	5861	－1		
	1093	2484	前	2553	7340	0		
	16.0	14.0	后－前	－1380	1479	－1	－1380	
	＋2.0	＋2.0						
2	1458	1796	后	1377	6163	＋1		
	1298	1626	前	1710	6396	＋1		
	16	17	后－前	－0333	－0233	0	－0333	
	－1	＋1						

（3）测站限差要求

表 2–13 三、四等水准及等外水准测量技术要求

技术项目	等级		
	三等	四等	等外
仪器与水准标尺	DS$_3$ 水准仪 双面水准尺	DS$_3$ 水准仪 双面水准尺	DS$_3$ 水准仪 双面或单面水准尺
测站观测程序	后—前—前—后	后—后—前—前	后—后—前—前
视线最低高度	三丝能读数	三丝能读数	中丝读数 0.3 mm
最大视线长度	75 m	100 m	150 m
前后视距差	≤ ±2.0 m	≤ ±3.0 m	≤ ±20 m
视距读数法	三丝读数（下 – 上）	直读视距	直读视距
K + 黑 – 红	≤ ±2.0 mm	≤ ±3.0 mm	≤ ±4.0 mm
黑红面高差之差	≤ ±3.0 mm	≤ ±5.0 mm	≤ ±6.0 mm
前后视距累积差	≤ ±5.0 m	≤ ±10.0 m	≤ ±100 m
路线总长度	≤200 km	≤80 km	≤30 km
高差闭合差	≤ ±12$\sqrt{L}$ mm	≤ ±20$\sqrt{L}$ mm	≤ ±40$\sqrt{L}$ mm

（4）测站上的计算检核

每个测站的观测、记簿和计算应尽量同步进行，即边观测边计算，以便及时发现并纠正错误，不能等测完再算，测站上的计算工作有以下三项。

1）视距计算

$$后视距离（15）=（1）-（2）$$
$$前视距离（16）=（5）-（6）$$
$$前后视距之差（17）=（15）-（16）$$
$$视距累积差 \sum d：（18）= 前站的（18）+本站的（17）$$

2）高差计算

$$前视标尺的黑红面读数之差（9）= K +（4）-（7）$$
$$后视标尺的黑红面读数之差（10）= K +（3）-（8）$$
$$两标尺的黑面高差（11）=（3）-（4）$$
$$两标尺的红面高差（12）=（8）-（7）$$
$$黑面高差与红面高差之差（13）=（11）-（12）±100$$

高差中数计算：当上述计算合乎限差要求时，可以进行高差中数的计算。

$$高差中数（14）= \frac{1}{2}\big[（11）+（12）±100\big]$$

3）检核计算

$$（13）=（10）-（9）=（11）-\big[（12）±100\big]$$

当进行到此时，一个测站的观测计算工作即告完成。确认各项计算符合要求后，方可迁站，迁站前后视标尺及尺垫不允许移动，否则要重新观测。

每天观测完毕后，除了检查每站的观测计算外，还应在每页的手簿下方，计算本页总和的检查。

当每页为偶数站时，

$$\sum(14) = \frac{1}{2}\left[\sum(11) + \sum(12)\right]$$

$$= \frac{1}{2}\left[\sum(3) - \sum(4) + \sum(8) - \sum(7)\right]$$

当每页为奇数站时，

$$\sum(14) = \frac{1}{2}\left[(11) + (12) \pm 100\right]$$

$$= \frac{1}{2}\left[\sum(3) - \sum(4) + \sum(8) - \sum(7) \pm 100\right]$$

以及

$$\sum(17) = \sum(15) - \sum(16)$$

$$\sum(17) = \sum(15) + \sum(16)$$

校核无误后，算出总视距。

（5）外业手簿记载及资料整理的要求

外业观测记录必须在编号、装订成册的手簿上进行。已编号的各页不得随意撕去，记录中间不得留下空页或者空格。

一切外业原始观测值和记事项目，必须在现场用铅笔直接记录在手簿中，记录的文字和数字应端正、整洁、清晰，杜绝潦草模糊。

外业手簿中的记录和计算的修改以及观测结果的淘汰，禁止擦拭、涂抹与刮补。而应以横线或斜线正规划去，并在本格内的上方写出正确的数字或文字。除计算数据外，所有的观测数据的修改或淘汰，必须在备注栏内注明原因及重测结果记于何处。重测记录前需加"重测"二字。

一测站内不得有两个相关数字"连环更改"。例如，更改了标尺的黑面前两位读数后，就不能再更改同一标尺的红面前两位读数，否则就叫连环更改。有连环更改记录应立即废去重测。

对于尾数读数有错误（厘米和毫米）的记录，不论什么原因都不允许更改，而应将该测站观测结果废去重测。

有正负意义的量，在记录计算时，都应带上"＋""－"号，正号不能省略。对于中丝读数，要求读记四位数，前后的0都要读记。

作业人员应在手簿的相应栏内签名，并填注作业日期、开始及结束时刻、天气及观测情况和使用仪器的型号。

作业手簿必须经过小组认真的检查，确认合格后，方可提交上一级检查验收。

技能训练 2 - 7　施测等外水准线路和四等水准线路

（1）作业流程

```
┌─────────────────┐
│     领取仪器      │
└─────────────────┘
         ↓
┌─────────────────┐
│   粗略整平仪器    │
└─────────────────┘
         ↓
┌─────────────────────┐
│ 照准后视标尺，先读视距 │
└─────────────────────┘
         ↓
┌──────────────────────────┐
│ 精平，读黑面中丝、红面中丝读数 │
└──────────────────────────┘
         ↓
┌─────────────────────┐
│ 照准前视标尺，先读视距 │
└─────────────────────┘
         ↓
┌──────────────────────────┐
│ 精平，读黑面中丝、红面中丝读数 │
└──────────────────────────┘
         ↓
┌─────────────────┐
│    计算、检核     │
└─────────────────┘
```

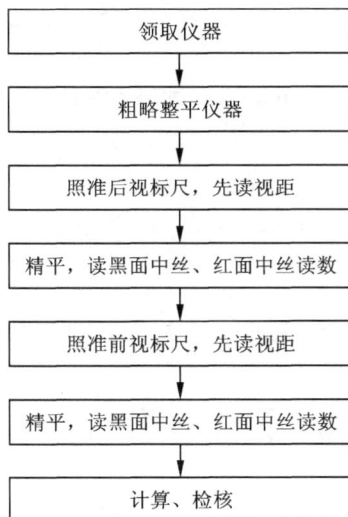

（2）测量仪器及工具

借用：DS_3 型水准仪一台，水准标尺一副，尺垫一对，记录板一个，观测手簿一本。

自备：铅笔、稿纸。

（3）实训要求及上交资料

在组长的带领下按《城市测量规范》，以一个已知点为起始点，按等外水准的要求对指定线路进行 1 公里的水准线路测量和按四等水准测量的要求对指定线路进行 2 公里的闭合水准线路测量工作。

要求每位同学至少观测 10 个测站以上，观测程序和操作方法正确，成果合格。

实训指导教师进行巡视，学员分组实训时实训指导教师分组指导，及时发现问题，并现场解决问题。将每组实训时发现的问题记录下来。

7. 水准测量内业计算

水准测量的外业工作完成后，除对外业手簿的计算进行检查外，尚需根据已知水准点的高程和观测高差计算沿线各待定点的高程。

（1）检查观测手簿

检查各项计算是否正确，各项限差是否符合要求；计算各测段之观测高差和各测段的观测距离；将水准点起点、各待定点和终点之点号依次填入表 2 - 14 中，并将各测段的距离和高差也填入表中相应栏内。

（2）绘制水准路线略图

如图 2 - 50，水准略图的水准点要与实地的方位一致，路线用曲线连接，将水准路线中各测段的测站数、距离、观测高差进行统计计算，依施测的水准路线绘制出水准路线图，并将各测段的长度（或测站数）、观测高差标于图上相应的位置。还要标出水准测量进行的方向。

（3）计算水准路线的高差闭合差

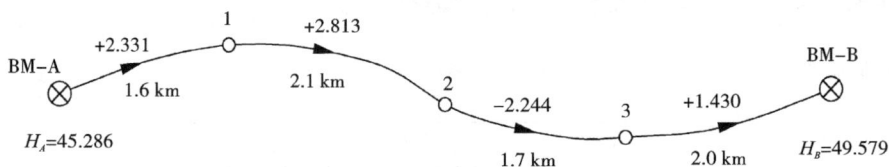

图 2-50　水准网略图

闭合差：

$$f_h = \sum h_{\text{测}} - \sum h_{\text{理}}$$

闭合水准路线闭合差：

$$f_h = \sum h_{\text{测}} - \sum h_{\text{理}} = \sum h_{\text{测}} \qquad (2-35)$$

附合水准路线：

$$f_h = \sum h_{\text{测}} - \sum h_{\text{理}} = \sum h_{\text{测}} - (H_{\text{终}} - H_{\text{始}}) \qquad (2-36)$$

支水准路线闭合差

$$f_h = \sum h_{\text{往}} + \sum h_{\text{返}} \qquad (2-37)$$

式中：$H_{\text{终}}$、$H_{\text{始}}$ 为附合水准路线起点和终点的高程；$\sum_{\text{往}}$ 为往测高差之和；$\sum h_{\text{返}}$ 为返测高差之和。

（4）高差闭合差的分配

高差闭合差限差（容许误差）

对于普通水准测量，有：

$$\begin{cases} f_{h\text{容}} = \pm 40\sqrt{L} & \text{适用于平原区} \\ f_{h\text{容}} = \pm 12\sqrt{n} & \text{适用于山区} \end{cases}$$

式中：$f_{h\text{容}}$ 为高差闭合差限差，mm；L 为水准路线长度，km；n 为测站数。

分配原则：

1）如果高差闭合差在允许范围内，可将闭合差按与各测段距离 L 或测站数 n 成正比，将高差闭合差反号分配到各测段高差上；

2）改正数的总和应与闭合差大小相等，符号相反。

设各测段的高差改正数为 V_i，则

$$V_i = \frac{-f_h}{\sum L} \cdot L_i \qquad (2-38)$$

改正数凑整到毫米，余数强制分配到长测段中。

如果是在山区测量，可按测段的测站数分配闭合差，则各测段高差改正数为

$$V_i = \frac{-f_h}{\sum n} \cdot n_i \qquad (2-39)$$

（5）计算改正后的高差

改正后高差 = 观测高差 + 相应的改正数

$$h_i = h_i + V_i \tag{2-40}$$

（6）计算各待定点高程

用改正后的高差和已知点的高程，来计算各待定点的高程。由起始点的已知高程 H_0 开始，逐个加上与相邻点间的改正后的高差，即得下一点的高程 H_i。

$$H_i = H_{i-1} + h_i \tag{2-41}$$

例 2-4 如图 2-50 为按图根水准测量要求施测的某附合水准路线观测成果略图。$BM-A$ 和 $BM-B$ 为已知高程的水准点，图中箭头表示水准测量前进方向，路线上方的数字为测得的两点间的高差（以 m 为单位），路线下方数字为该段路线的长度（以 km 为单位），试计算待定点 1、2、3 点的高程。

计算如下：

第一步：计算高差闭合差

$$f_h = \sum h_{测} - (H_{终} - H_{始}) = 4.330 - 4.293 = 37 \text{ mm}$$

第二步：计算限差

$$f_{h容} = \pm 40 \sqrt{L} = \pm 40 \sqrt{7.4} = \pm 108.8 \text{ mm}$$

因为 $|f_h| < |f_{h容}|$，可进行闭合差分配。

第三步：计算每 km 改正数

$$V_0 = \frac{-f_h}{\sum L} = -5 \text{ mm/km}$$

第四步：计算各段高差改正数

$V_i = V_0 \cdot L_i$。四舍五入后，使 $\sum V_i = -f_h$。

故有：$V_1 = -8$ mm，$V_2 = -11$ mm，$V_3 = -8$ mm，$V_4 = -10$ mm。

第五步：计算各段改正后高差后，计算 1、2、3 各点的高程。

表 2-14 高程误差配赋表

点名	距离	观测高差	高差改正数	改正后高差	点之高程	备注
A					45.286	已知高程
1	1.6	+2.331	-8	+2.323	47.609	
2	2.1	+2.813	-11	+2.802	50.411	
3	1.7	-2.244	-8	-2.252	48.159	
B	2.0	+1.430	-10	+1.420	49.579	已知高程
$\sum$	7.4	+4.330	-37	+4.293		

$$f_h = \sum h_{测} - (H_{终} - H_{始}) = 4.330 - 4.293 = 37 \text{ mm}$$

$$f_{h容} = \pm 40 \sqrt{L} = \pm 40 \sqrt{7.4} = \pm 108.8 \text{ mm}$$

(7)水准测量的误差分析

水准测量的误差来源主要有三个方面，即仪器误差、观测误差和外界条件影响。研究误差的主要目的是为了找出消除或减少误差的方法，以提高水准测量精度。

1）仪器误差

水准仪经检验和校正后，仍然存在误差，一方面是仪器制造误差，即仪器在制造过程中所存在的缺陷，这在仪器校正中是无法消除的；另一方面是仪器检验和校正不完善所存在的残余误差，在这些误差中，影响最大的是水准管轴不平行视准轴的误差，此项误差与仪器至立尺点距离成正比，在测量中，使前、后视距离相等，在高差计算中就可消除该项误差的影响。

除了仪器误差以外，还有水准标尺零点误差的影响。该项误差包括水准尺分划不准确和零点差等。由于使用磨损等原因，水准标尺的底面与其分划零点不完全一致，其差值称为零点差。标尺零点差的影响对于测站数为偶数的水准路线是可以自行抵消的；但对于测站数为奇数的水准路线，高差中含有这种误差的影响。所以，在水准测量中，在一个测段内应使测站数为偶数。不同精度等级的水准测量对水准尺有不同的要求，精密水准测量要用经过检定的水准尺，一般不用塔尺。

2）观测误差

水准气泡居中误差：

水准测量时通过水准管气泡居中来实现视线水平的条件。由于水准管内液体与管壁的黏滞作用和观测者眼睛分辨能力的限制，致使气泡没有严格居中引起的误差。

读数误差：

是观测者在水准尺上估读毫米数的误差，与人眼分辨能力、望远镜放大率以及视线长度有关。

水准尺倾斜误差：

水准测量时，若水准尺倾斜，在水准尺上的实际读数总比标尺垂直时正确的读数要大。

3）外界条件影响

地球曲率和大气折光的影响：

用水平视线代替大地水准面在尺子上读数产生的误差。

实际上，由于光线的折射作用，使视线不成一条直线，而是一条曲线。靠近地面的温度较高，空气密度较稀，因此视线离地面越近，折射就越大。所以规范上规定视线必须高出地面一定的高度，视线高不低于 0.3 m。曲线的曲率半径约为地球半径的 7 倍；如果使前后视距相等，地球曲率和大气折光的影响将得以消除或大大地减弱。

仪器和尺子的升降误差：

这项误差主要是由于地面松软，加上仪器、尺子和尺垫的重量以及土壤的弹性会使仪器和尺子产生下沉或者上升，造成测量的结果和实际不符。

可以消除仪器下沉对高差的影响。一般称上述操作为"后、前、前、后"的观测程序。

实际测量中，仪器下沉（或上升）的速度与时间并不完全成正比，因此这种措施只能减弱而不能完全消除。同时，熟练操作仪器以减少操作时间，控制该项误差的影响。

因此，仪器必须安置在土质坚固的地面上，将脚架踩实，以提高观测精度。

（8）水准测量时应注意的事项

由于误差是不可避免的，因此无法完全消除误差的影响，但可以采取一定的措施减小误差的影响，提高测量结果的精度。同时应避免测量人员疏忽大意造成的错误，水准测量时测量人员应认真执行水准测量规范，注意以下事项：

1）放置仪器时，应尽量使前后视距相等；

2）读数时管水准器气泡必须严格居中；

3）前后视线长度一般不超过 100 m，视线离地面高度一般应大于 0.3 m，使三丝都能读数；

4）读数时，水准尺要竖直；

5）未完成本站观测，立尺员不能将后视点上的尺垫碰动或拔起，在本站观测完成前应保持不动；

6）用塔尺进行水准测量时，应注意接头处连接是否正确，避免自动下滑未被发现；

7）记录员应大声回报观测者报出的数据，避免听错、记错，或错记前、后视读数位置；

8）避免误把十字丝的上、下视距丝当作十字丝中丝在水准尺上读数；

9）在光线强烈的情况下观测，必须撑伞。

2.2.3　三角高程测量

1. 三角高程测量的原理

用水准测量的方法测定控制点的高程，精度较高。但是在山区或丘陵地区，由于地面高差较大，水准测量比较困难，可以采用三角高程测量的方法测定地面点的高程，这种方法速度快、效率高，特别适用于地形起伏较大的山区。但是，三角高程测量的精度较水准测量的精度低，一般用于较低等级的高程控制中。近些年来，由于全站仪的广泛应用，使得用三角高程测量方法建立的高程控制网的精度不断提高。实验表明，采取适当的措施，全站仪三角高程测量的精度可以达到三、四等水准测量的精度要求。

三角高程测量是利用经纬仪或测距仪、全站仪，测量出两点间的水平距离或斜距、竖直角，再通过三角公式计算两点间的高差，推求待定点的高程。

（1）三角高程测量的路线

三角高程测量所经过的路线称为三角高程路线，所测定的地面点称为三角高程点。若用三角高程测量确定导线点的高程，则三角高程路线与导线重合；若用三角高程测定三角点的高程，则可在三角网中选一条路线作为三角高程路线；三角高

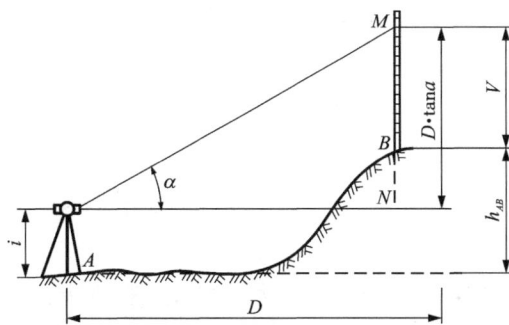

图 2-51　三角高程测量的原理

程路线也可以根据实际需要布设成独立的电磁波测距三角高程导线。

三角高程测量一般采用直觇和反觇的施测方法，在已知点安置仪器，观测待定点，用三角高程计算公式求待定点的高程，称为直觇；在待定点安置仪器，观测已知高程点，计算待定点的高程，称为反觇。在一条边上只进行直觇或反觇观测，称为单向观测；在同一条边上，既进行直觇又进行反觇观测，称为双向观测或对向观测。

三角高程路线通常组成附合路线或闭合路线，起止于已知高程点。三角高程路线的成果计算与水准路线的计算方法相同。

（2）三角高程测量原理

如图 2-51 所示，在 A 点架设经纬仪，B 点竖立标杆，照准目标高为 V 时，测出的竖直角为 α，量出仪器高为 i。设 A、B 两点间的水平距离为 D。由图 2-52 可知

$$h_{AB} = D \cdot \tan\alpha + i - V \tag{2-42}$$

如果 A 点的高程 H_A 已知，则 B 点的高程为

$$H_B = H_A + h_{AB} = H_A + D \cdot \tan\alpha + i - V \tag{2-43}$$

（3）地球曲率和大气折光的影响

公式（2-43）适用于 A、B 两点距离较近（小于 300 m）的情况，此时水准面可近似看成平面，视线视为直线。当地面两点间的距离 D 大于 300 m 时，就要考虑地球曲率及观测视线受大气垂直折光的影响。地球曲率对高差的影响称为地球曲率差，简称球差。大气折光引起视线成弧线的差异，称为气差。地球曲率和大气折光产生的综合影响称为球气差。

如图 2-52，MM' 为大气折光的影响，称为气差；EF 为地球曲率的影响，称为球差，由图 2-52 可得

$$h_{AB} + V + MM' = D\tan\alpha + i + EF$$

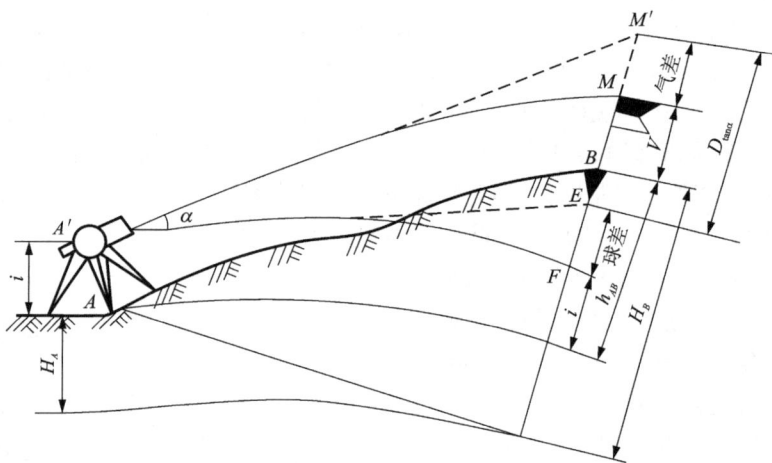

图 2-52　球气差的影响

令 $f = EF - MM'$，称为球气差，整理上式得

$$h_{AB} = D \cdot \tan\alpha + i - V + f \tag{2-44}$$

式（2-44）即为受球气差影响的三角高程计算高差的公式。f 为球气差的联合影响。球差的影响为 $EF = \dfrac{D^2}{2R}$，但气差的影响较为复杂，它与气温、气压、地面坡度和植被等因素均有关。在我国境内一般认为气差是球差的 1/7，即 $MM' = \dfrac{D^2}{14R}$，所以球气差的计算式为

$$f = EF - MM' = \frac{D^2}{2R} - \frac{D^2}{14R} \approx 0.43 \frac{D^2}{R} \approx 0.07D^2 \text{ cm} \tag{2-45}$$

式中：D 为地面两点间的水平距离，m；R 为地球平均半径，取 6371 km；f 为球气差，cm。

若将式(2-45)中，取不同的 D 值时，球气差 f 的数值列于表 2-15 中，用时可直接查。

表 2-15　球气差查取表

$D/100$ m	1	2	3	4	5	6	7	8	9	10
f/cm	0.1	0.3	0.6	1.1	1.7	2.4	3.3	4.3	5.5	6.7

由上表可知，当两点水平距离 $D < 300$ m 时，其影响不足 1 cm，故一般规定当 $D < 300$ m 时，不考虑球气差的影响；当 $D > 300$ m 时，才考虑其影响。

2. 三角高程测量的施测

(1)三角高程测量外业工作

竖直角的观测方法：

在三角高程测量中，竖直角的观测方法有中丝法和三丝法两种。

1)中丝法：中丝法也叫单丝法，是竖直角观测最常用的方法。这种方法是以望远镜十字丝的中横丝瞄准目标。

2)三丝法：三丝法就是以上、中、下三条横丝依次瞄准目标观测竖直角，有利于减弱竖盘刻划误差的影响。

观测时，先盘左分别用上、中、下丝瞄准同一目标并读取竖盘读数。

计算时，先按上、中、下丝的观测值分别计算竖直角，然后取其平均值。

三角高程控制的一般施测方法采用直觇和反觇的施测方法。用直反觇观测，待定点 B 的高程计算公式分别为：

$$H_B = H_A + h_{AB} = H_A + D_{AB}\tan\alpha_{AB} + i_A - V_B + f_{AB} \tag{2-46}$$

$$H_B = H_A - h_{BA} = H_A - (D_{BA}\tan\alpha_{BA} + i_B - V_A + f_{BA}) \tag{2-47}$$

如果观测是在相同的大气条件下进行，特别是在同一时间进行对向观测，可以认为 $f_{AB} \approx f_{BA}$，将式(2-46)与(2-47)相加除以 2，得 B 点平均高程为

$$h_{AB中} = \frac{1}{2}(h_{AB} - h_{BA}) \tag{2-48}$$

则 B 点的高程为

$$H_B = H_A + h_{AB中} = H_A + \frac{1}{2}(D_{AB}\tan\alpha_{AB} - D_{BA}\tan\alpha_{BA}) + \frac{1}{2}(i_A - i_B) + \frac{1}{2}(V_A - V_B) \tag{2-49}$$

式(2-49)即是对向观测计算高程的基本公式。由此看来，对向观测可消除地球曲率和大气折光的影响，因此在三角高程控制测量时均采用对向观测。

(2)三角高程测量的技术要求

三角高程测量有电磁波测距三角高程测量、经纬仪三角高程测量和独立高程点三种。三者精度不同，有不同的精度等级，各级的三角高程测量视需要均可作为测区的首级高程控制。

电磁波测距三角高程测量一般分为四等、一级(五等)、二级(图根)三个等级。四等应起止于不低于三等水准的高程点上，仪器高、觇标高应在观测前后各量一次；取至 mm，较差不大于 2 mm；一级应起止于不低于四等水准的高程点上，仪器高、觇标高量取两次，取至 mm，

较差不大于 4 mm；二级应按同等级经纬仪三角高程测量的相应布设要求实施，仪器高、觇标高量取至 cm。电磁波测距三角高程测量主要技术要求见表 2-16。

表 2-16　各级电磁波测距三角高程测量的主要技术要求

等级	边长 /km	仪器	竖直角测回数		指标差较差 /(")	竖直角较差 /(")	对向观测高差较差 /mm	附合或环线闭合差 /mm
			三丝法	中丝法				
四等	≤1	J_2	1	3	7	7	$\pm40\sqrt{D}$	$\pm20\sqrt{D}$
一级（五等）	≤1	J_2		2	10	10	$\pm60\sqrt{D}$	$\pm30\sqrt{D}$
二级（图根）	—	J_6		2	25	25		$\pm40\sqrt{D}$

注：D 为电磁波测距边长度，以 km 为单位。

单向观测时，应考虑地球曲率和大气折光的影响。

经纬仪三角高程测量，一般分为两个等级。一级应起止于不低于四等水准的高程点上，路线边数不超过 7 条；二级（图根）应起止于不低于图根水准精度或一级三角高程的高程点上。当起止于图根水准精度的高程点上时，路线边数不应超过 15 条，当起止于一级三角高程点上时，路线边数不应超过 10 条。路线边数超过上述规定时，应布设成三角高程网。

仪器高、觇标高应再应用钢尺量至误差不大于 0.5 cm。

（3）独立高程点

三角高程测量独立高程点一般用于测定图根平面控制测量中交会点的高程，又称独立交会高程点。独立点的高程至少要由 3 个单觇观测（直、反觇均可），三个单觇推算的未知点高程，其较差一般应小于 1/3 测图等高距。符合要求，取其平均值作为最后结果。

（4）三角高程测量内业计算

三角高程导线布设形式为附合高程导线、闭合高程导线。如图 2-53 所示，若 A 点和 E 点高程已知，可以选择一条从 $A—B—C—D—E$ 的附合高程导线；若只有 A 点高程已知，则选择 $A—B—D—E—C—A$ 的闭合高程导线。

下面以某一级（五等）独立三角高程路线实例说明其计算方法。

1）在计算之前应对外业成果进行检查，看其有无不合规定的数据。全部合乎要求后才可以进行抄录。并绘制三角高程路线图。见图 2-53。

2）各边高差的计算

计算前，首先将已知点、未知点的点名填入表格

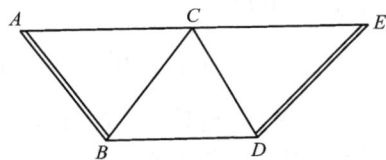
图 2-53　三角高程导线

内，再对应表格项目填写各观测数据。检查抄录的数据无误后，利用式（2-44）和式（2-45）计算各边直、反觇高差。两点间直、反觇高差的较差若满足表 2-16 要求，则根据式（2-46）计算高差中数（符号与直觇相同）；若超限，则应重测。图 2-53 中所示各边高差的计算见表 2-17。

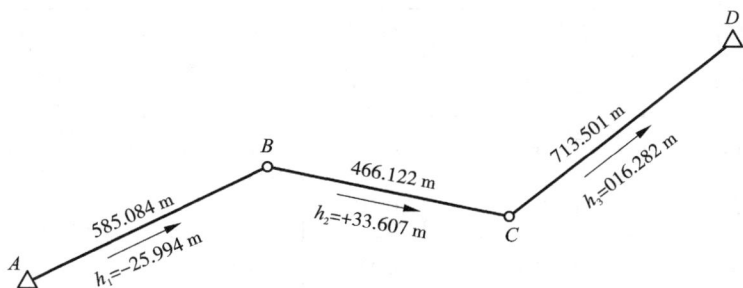

图 2 - 54　三角高程路线高差计算表

表 2 - 17　三角高程路线高差计算表

测站	A	B	B	C	C	D
觇点	B	A	C	B	D	C
觇法	直	反	直	反	直	反
α	$-2°28'54''$	$+2°32'18''$	$+4°07'12''$	$-3°52'24''$	$-1°17'42''$	$+1°21'52''$
D/m	585.084	585.084	466.122	466.122	713.501	713.501
i/m	+1.341	+1.342	+1.305	+1.321	+1.323	+1.285
V/m	-2.000	-1.310	-1.300	-3.395	-1.502	-2.025
f/m	+0.020	+0.020	+0.020	+0.020	+0.030	+0.030
h/m	-25.998	+25.990	+33.601	-33.613	-16.278	+16.286
Δh	-0.008		-0.010		+0.008	
$h_{中}$	-25.994		+33.607		-16.282	

3）调整高差闭合差

　　将路线各点号、各边水平距离、各边高差中数和已知高程等数据填入三角高程路线高差计算表 2 - 18 中，然后再计算整条路线的高差闭合差 f_h：

$$f_h = \sum h - (H_D - H_A) = \sum h + H_A - H_D \qquad (2-50)$$

　　如果 $f_h \leqslant f_{h容}$，则计算出每段高差的改正数 V_i：

$$V_i = -\frac{D_i}{\sum D} \cdot f_h \qquad (2-51)$$

式中：V_i 为第 i 段的高差改正数；D_i 为第 i 段的水平距离；$\sum D$ 为整个路线水平距离总长；f_h 为高差闭合差。

4）计算路线各未知点的高程

　　由已知点开始根据改正后的高差逐一推算未知点高程。（方法与水准测量成果计算相同）

表 2-18　三角高程路线高差计算表

点名	距离/m	高差中数/m	高差改正数/m	改正后高差/m	高程/m	备注
A	585.084	-25.994	-0.008	-26.002	430.745	
B	466.122	+33.607	-0.006	+33.601	404.743	
C	713.501	-16.282	-0.010	-16.292	438.344	
D					422.052	
$\sum$	1746.707	-8.669	+0.024	-8.693		

辅助计算	$f_h = \sum h + H_A - H_D = -8.669 + 430.745 - 422.052 = +0.024$ m $f_{h容} = \pm 30 \sqrt{1.746707} = \pm 0.040$ mm $f_h < f_{h容}$　精度合格

（5）三角高程测量的误差来源

1）竖直角测量的误差

竖直角测量包括观测误差和仪器误差。观测误差中有照准误差、读数误差及竖盘指标水准管气泡居中的误差等。仪器误差中有竖盘偏心误差及竖盘分划误差等。

2）距离测量的误差

距离是计算三角高程测量的一个变量，距离测量的误差影响到高差的精度。对于图根三角高程测量，距离测量精度一般要达到1/2000以上。采用电磁波测距仪测定距离具有较高的精度。

3）仪器高和目标高的误差

用于测定地形控制点高程的三角高程测量，仪器高和目标高的量测仅要求到厘米级；用电磁波测距三角高程测量代替四等水准测量时，仪器高和棱镜高要求量测到毫米级。用钢尺认真量取仪器高和目标高，误差可控制在 3 mm 以内。仪器高和目标高的量测误差对高程的影响是直接的，应注意控制仪器高和目标高的量测误差。

4）地球曲率的影响和大气折光的影响

地球曲率对高差的影响能够精确地计算并加以改正，而大气折光对高差的影响，随外界条件的不同，变化不定。大气折光对高差的影响与两点间水平距离的平方成正比，随着距离的增长，影响明显增大。当两点间的距离大于 300 m 的时候，要对高差进行地球曲率和大气折光的影响的改正。

【知识归纳】

1. 建立小地区控制测量的概念，懂得控制测量按内容可分为平面控制测量和高程控制测量。

2. 平面控制网、高程控制网的建立方法。

3. 水平角和垂直角的概念。

4. 经纬仪、全站仪测量角度的方法与步骤，水准仪测量高差的方法与步骤。

5. 经纬仪整置内容、目的、方法。

6. 水准仪整置内容、目的、方法。

7. 水平角测量方法、步骤。

8. 垂直角测量方法、步骤。

9. 导线测量的外业工作内容和计算步骤、方法。

10. 水准测量原理、方法、测站操作步骤、手簿的记录与计算内容、方法。

11. 三角高程测量原理、方法、计算公式、实施步骤。

12. 水平角测量误差、水准测量误差、三角高程测量误差来源及误差分析。

【达标检测】

1. 能正确使用经纬仪、水准仪和全站仪;

2. 能熟练地用经纬仪测量水平角和垂直角,并正确计算得出水平角和垂直角;

3. 能熟练地使用水准仪测量高差并完成观测手簿的记录与计算工作,并能正确对水准线路进行简易平差求得待求点的高程;

4. 能进行坐标正、反算,能进行导线的简易平差计算。

【思考与练习】

1. 建立平面控制网的方法有哪些?

2. 导线的布设形式有哪些? 绘图说明。

3. 导线测量的外业工作有哪些内容? 导线点的检核条件有哪些?

4. 简述导线计算的步骤,并说明附合导线和闭合导线在计算中的异同。坐标计算的检核条件有哪些?

5. 平面控制网的定位和定向至少需要一些什么起算数据?

6. 闭合导线按顺时针方向编号和逆时针方向编号时,其方位角的计算有何不同?

7. 已知 A、B 两点的坐标分别为: $x_A = 1248.64$ m, $y_A = 3236.75$ m; $x_B = 1357.08$ m, $y_B = 3174.49$ m, 试求 AB 的水平距离 D_{AB} 和坐标方位角 α_{AB}。

8. 在什么情况下采用三角高程测量? 为什么要采用对向观测?

9. 在进行三、四等水准测量时,一测站的观测程序如何? 怎样计算?

10. 某闭合导线如图 2-55 所示,已知 A 点的平面坐标和 BA 边的坐标方位角,观测了图中 4 条边长和 5 个水平角。试计算 1、2、3 点的平面坐标。

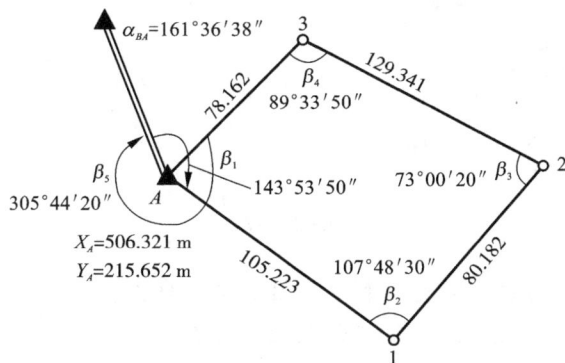

图 2-55

81

11. 某闭合导线如图 2 −56 所示，已知 A 点的平面坐标和 A_1 边的坐标方位角，观测了图中 5 条边长和 5 个水平角。试计算 1、2、3、4 点的平面坐标。

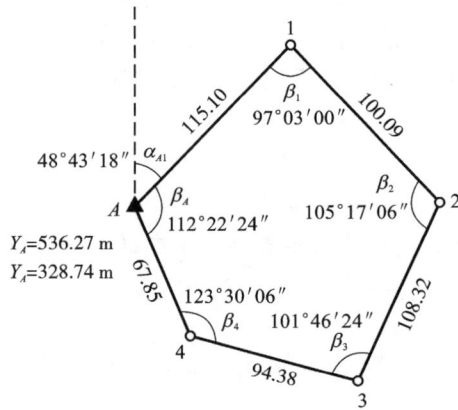

图 2 −56

12. 某附合导线如图 2 −57 所示，已知 A、C 点的平面坐标和 AB、CD 边的坐标方位角，观测了图中 5 条边长和 6 个水平角。试计算 5、6、7、8 点的平面坐标。

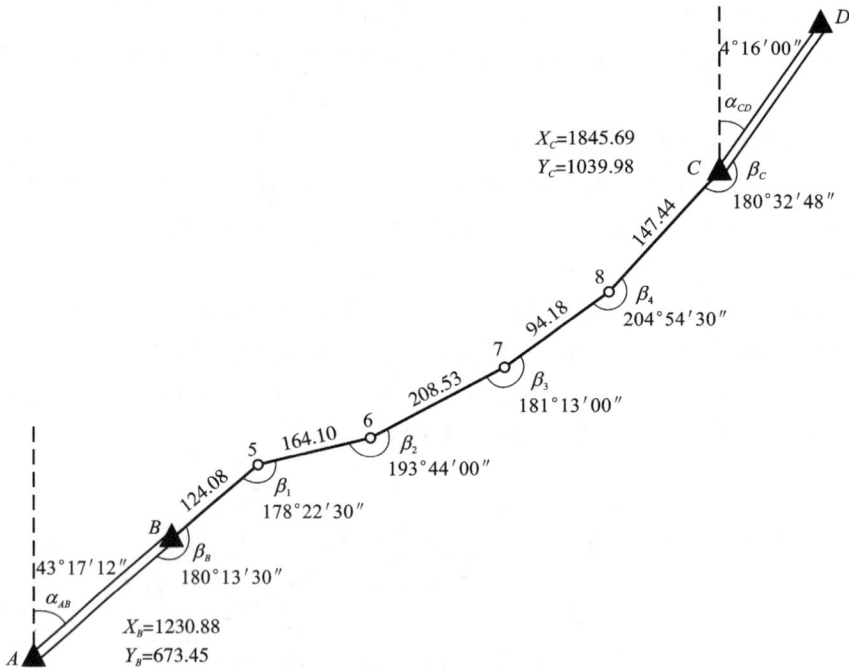

图 2 −57

13. 水准仪整置的内容包括哪些？整平的目的又是什么？

14. 如何正确调节望远镜？照准目标时应注意什么？

15. 什么叫视差？产生视差的原因是什么？如何消除视差？

16. 水准仪应满足哪些几何条件？

17. 试述等外水准测量一测站的观测程序和记录计算步骤。

18. 等外水准测量的布设形式有几种？哪种要进行往返观测？

20. 试述四等水准测量和三等水准测量在一个测站上的观测程序。

21. 三、四等水准测量有哪些限差规定？

22. 在水准测量中，后尺的尺垫和前尺的尺垫什么时候可以动，什么情况下不能动？

23. 水准器的分划值和灵敏度指什么？二者有何关系？

24. 一附合水准路线的高差观测成果及测站数如下表，请在表格内按测站数调整闭合差并求出各点的高程。

点号	测站数/个	实测高差/m	改正数/m	改正后的高差/m	高程/m
BM_A	10	+8.750			60.440（已知）
1	9	−5.611			
2	11	−7.200			
3	13	+8.078			
BM_B					64.410（已知）
Σ					
备注					

25. 一附合水准路线的高差观测成果及测站数如下表，请在表格内按路线长调整闭合差并求出各点的高程。

高程误差配赋表

点名	距离	观测高差	高差改正数	改正后高差	点之高程	备注
A					45.286	已知高程
1	1.6	+2.331				
2	2.1	+2.813				
3	1.7	−2.244				
B	2.0	+1.430			49.579	已知高程
Σ	7.4	+4.330				

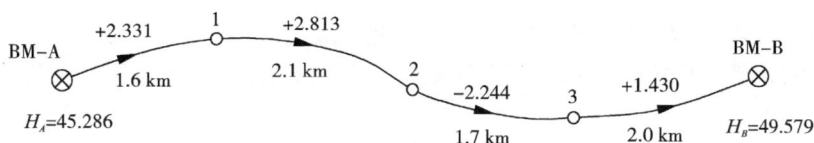

图 2 – 58

项目3　大比例尺地形图测绘与应用

【素质目标】

有团队协作和吃苦耐劳精神；具有与人沟通的能力；有踏实肯干、勇挑重担的工作作风。

【知识目标】

通过本项目的学习掌握地形图、地形图的比例尺等基本概念；掌握地物、地貌的概念和地物、地貌的表示方法；掌握地形图的分幅与编号的方法；掌握绘制坐标方格网与展绘控制点的方法；掌握地物、地貌的概念和地物、地貌的表示方法；掌握碎部点的测量方法；掌握应用地形图求图上某点的坐标和高程，求某直线的坐标方位角、距离和坡度的方法；基本掌握绘制断面图、土石方测算、图上面积计算的方法。

【技能目标】

通过本项目的学习与训练，能正确进行比例尺计算；能进行图上长度与实际长度之间的换算；能正确识读地形图；能根据地形图编号较快地知道图的比例尺；能绘制坐标方格网与展绘控制点；基本能进行大比例尺地形图测绘；能应用地形图，熟练求得图上某点的坐标和高程，求某直线的坐标方位角、距离和坡度；能绘制断面图、土石方测算和图上面积计算。

大比例尺地形图是指 1:500、1:1000、1:2000、1:5000 的地形图，是城乡建设和各种工程规划、设计、施工建设的重要基础资料。成图方法有白纸测图和数字测图两种。本项目中主要介绍地形图的基本知识、测绘地形图的基本要求、测绘地形图的基本方法和地形图在工程中的应用。

任务 3.1　测绘大比例尺地形图

3.1.1　识读地形图

1. 平面图、地图、地形图

地形图是将地面上各种地物和地貌沿铅垂线方向投影到水平面上，并按一定的比例尺，用《地形图图式》统一规定的符号和注记，将其缩绘在图纸上，表述地物的平面位置和地貌起伏情况的图。

如果在图上只表示地物平面位置，而不反映地貌形态的图称为平面图。

将地球上的自然、社会、经济等若干现象按一定的数学法则并采用制图综合原则绘成的图称为地图。

着重表示自然现象或社会现象中的某一种或几种要素的地图，称为专题图，如地籍图、地质图和旅游图等。

为规范大比例尺地形图的表示符号样式,国家制定了国家标准 GB/T 20257.1—2007 《1:500　1:1000　1:2000 地形图图式》,以统一地形图的图幅规格、地形表示和整饰标准。大比例尺地形图图幅见图 3－1、图 3－2、图 3－3 为普通地形图示例,图 3－4、图 3－5 为地图和专题图示例。

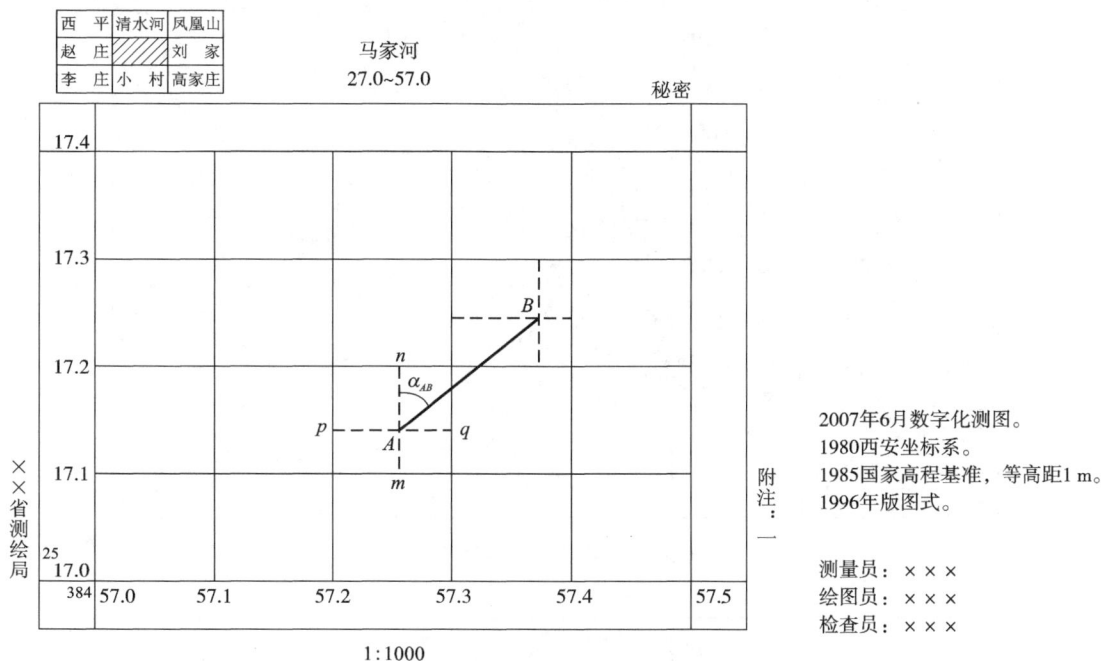

图 3－1　地形图

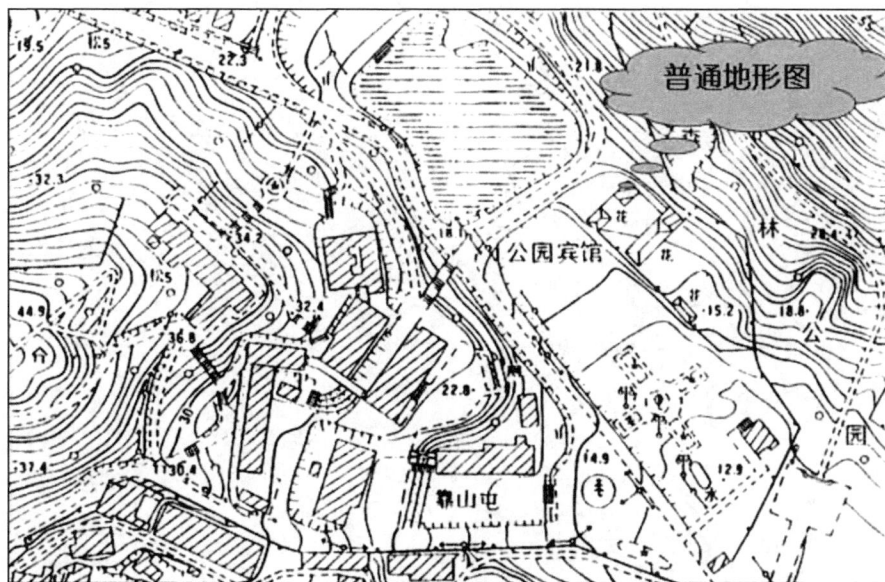

图 3－2　普通地形图示例

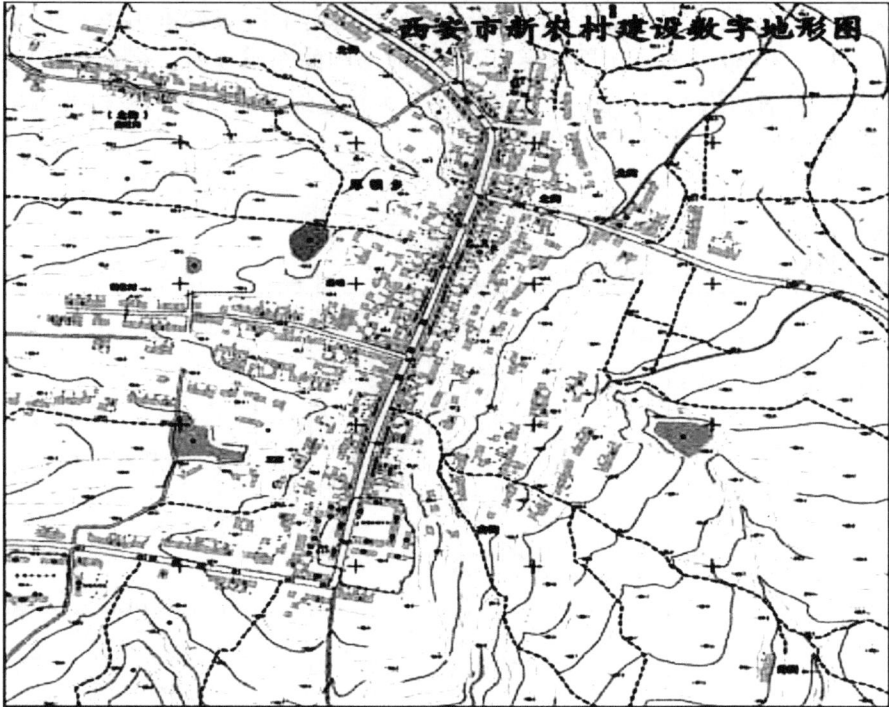

图 3 - 3　数字化地形图示例

图 3 - 4　地图示例

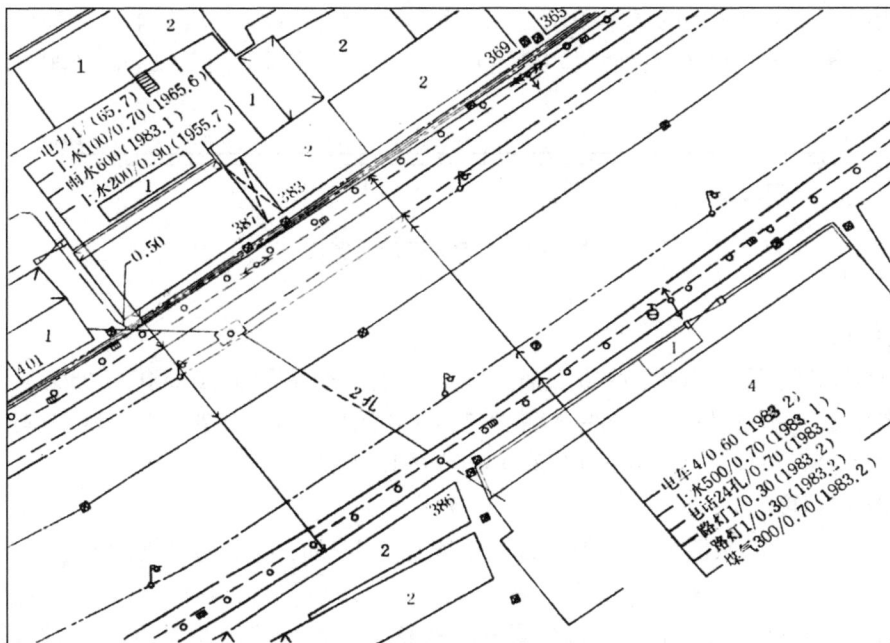

城市地下管线图

图 3 - 5　专题图示例

2. 地形图的比例尺

（1）比例尺的概念

地形图上任意的某一线段的长度与它所代表的实地水平距离之比，称为地形图比例尺。

设图上一线段长度为 d，相应的实地水平距离为 D，则该地形图的比例尺为：

$$\frac{d}{D} = \frac{1}{D/d} = \frac{1}{M} \tag{3-1}$$

式中：M 表示比例尺分母。

（2）比例尺的表示方法

1）数字比例尺

用分子为 1，分母为整数的分数表示，即用 $1/M$ 表示。如 1:500，1:1000，1:5000，…

M 为比例尺分母。M 越大，比例尺越小，反之，比例尺越大。比例尺按照大小分有三种形式：

大比例尺：1:5000、1:2000、1:1000、1:500

中比例尺：1:10 万、1:5 万、1:2.5 万、1:1 万

小比例尺：1:100 万、1:50 万、1:25 万

为了满足经济建设和国防建设的需要，测绘和编制了各种不同比例尺的地形图。按照地形图图式规定，比例尺写在图幅正下方。

2）图示比例尺

为了用图方便，以及减弱由于图纸伸缩而引起的误差，在绘制地形图时，常在图上绘制图示比例尺。

87

如 1:500 的图示比例尺(图3-6 所示),绘制时先在图上绘两条平行线,再把它分成若干相等的线段,称为比例尺的基本单位,一般为 2 cm;将左端的一段基本单位又分成十等份,每等份的长度相当于实地 2 m。而每一基本单位所代表的实地长度为 2 cm×500=10 m。

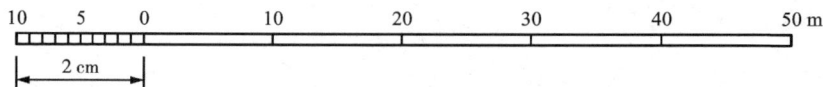

图 3-6 1:500 图示比例尺

(3)比例尺的选用

城市总体规划、厂址选择、区域布置、方案比较一般采用 1:10000、1:5000 的比例尺。城市详细规划及工程项目初步设计一般采用 1:2000 的比例尺,建筑设计、城市详细规划、工程施工图设计、竣工图一般采用 1:1000、1:500 的比例尺。

(4)比例尺精度

一般认为,人的肉眼能分辨的图上最小距离是 0.1 mm,因此通常把图上 0.1 mm 所表示的实地水平长度,称为比例尺的精度。显然,比例尺大小不同,其比例尺精度数值也不同。地形图比例尺精度对测图和工程用图有着重要的意义。例如要测绘 1:5000 的地形图,其比例尺精度为 0.5 m,实际测图时,距离精度只要达到 0.5 m 就足够了。因为若测得再精细,图上也是表示不出来的。又如工程设计中,为了能反映地面上 0.1 m 的精度,所选地形图的比例尺就不能小于 1:1000。

比例尺精度通常用符号 δ 表示,比例尺精度的计算方法是 $\delta = 0.1 \times M$ mm,式中 M 为比例尺分母,单位为毫米。

例 3-1 1:5000 的比例尺的精度为 0.1×5000 mm=500 mm=50 cm=5 dm=0.5 m。

3. 地物及其表示

地面上有明显轮廓的,天然形成或人工修建的各种固定物体称为地物,如房屋、道路、森林、湖泊、河流等。地球表面的高低起伏状态称为地貌,如山地、平原、丘陵等。地物和地貌合称为地形。地面上的地物和地貌,应按国家测绘总局颁发的《地形图图式》中规定的符号表示于图上。

地物符号有以下几种:

(1)比例符号

有些地物的轮廓较大,如房屋、稻田和湖泊等,它们的形状和大小可以按测图比例尺缩小,并用规定的符号绘在图纸上,这种符号称为比例符号。如图 3-7 所示。

(2)非比例符号

有些地物,如三角点、水准点、独立树和里程碑等,轮廓较小,无法将其形状和大小按比例绘到图上,则不考虑其实际大小,而采用规定的符号表示之,这种符号称为非比例符号。

非比例符号不仅其形状和大小不按比例绘出,而且符号的中心位置与该地物实地的中心位置关系,也随各种不同的地物而异,在测图和用图时应注意下列几点:

1)规则的几何图形符号(圆形、正方形、三角形等),以图形几何中心点为实地地物的中心位置。

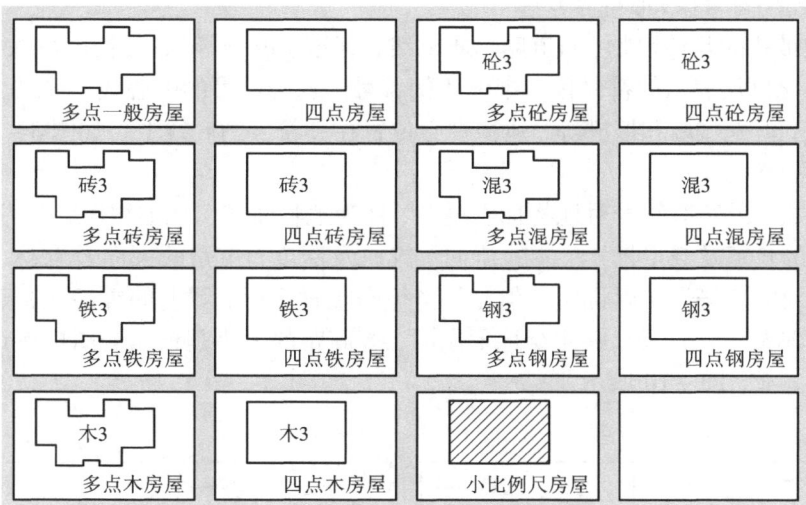

图 3 - 7 比例符号(一般房屋)

2)底部为直角形的符号(独立树、路标等),以符号的直角顶点为实地地物的中心位置。

3)宽底符号(烟囱、岗亭等),以符号底部中心为实地地物的中心位置。

4)几种图形组合符号(路灯、消火栓等),以符号下方图形的几何中心为实地地物的中心位置。

5)下方无底线的符号(山洞、窑洞等),以符号下方两端点连线的中心为实地地物的中心位置。各种符号均按直立方向描绘,即与南图廓垂直。如图 3 - 8 所示。

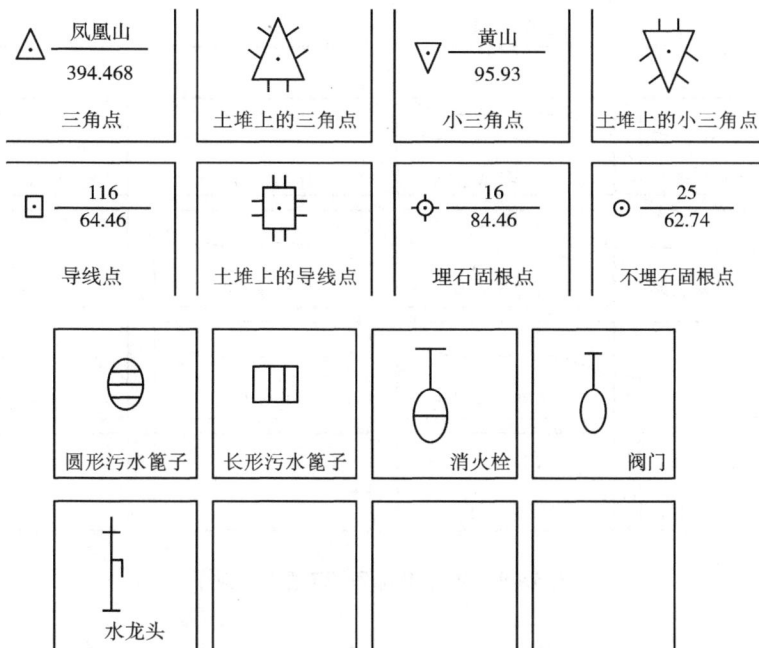

图 3 - 8 非比例符号(控制点、管道附属)

（3）半依比例符号（线形符号）

对于一些带状的延伸地物（如道路、通讯线、管道、垣栅等），其长度可按比例尺缩绘，而宽度无法按比例尺表示的符号称为半依比例符号。这种符号的中心线，一般表示其实地地物的中心位置，但是城墙和垣栅等，地物中心位置在其符号的底线上。如图 3 - 9 所示。

（4）地物注记

用文字、数字或特有符号对地物加以说明，称为地物注记。比如城镇、工厂、河流、道路的名称；桥梁的长宽及载重量；江河的流向、流速及深度；道路的去向及森林、果树的类别等，都以文字或特定符号加以说明。但是，当等高距过小时，图上的等高线过于密集，将会影响图面的清晰醒目。因此，在测绘地形图时，等高距的大小是根据测图比例尺与测区地形情况来确定的。如图 3 - 10 所示。

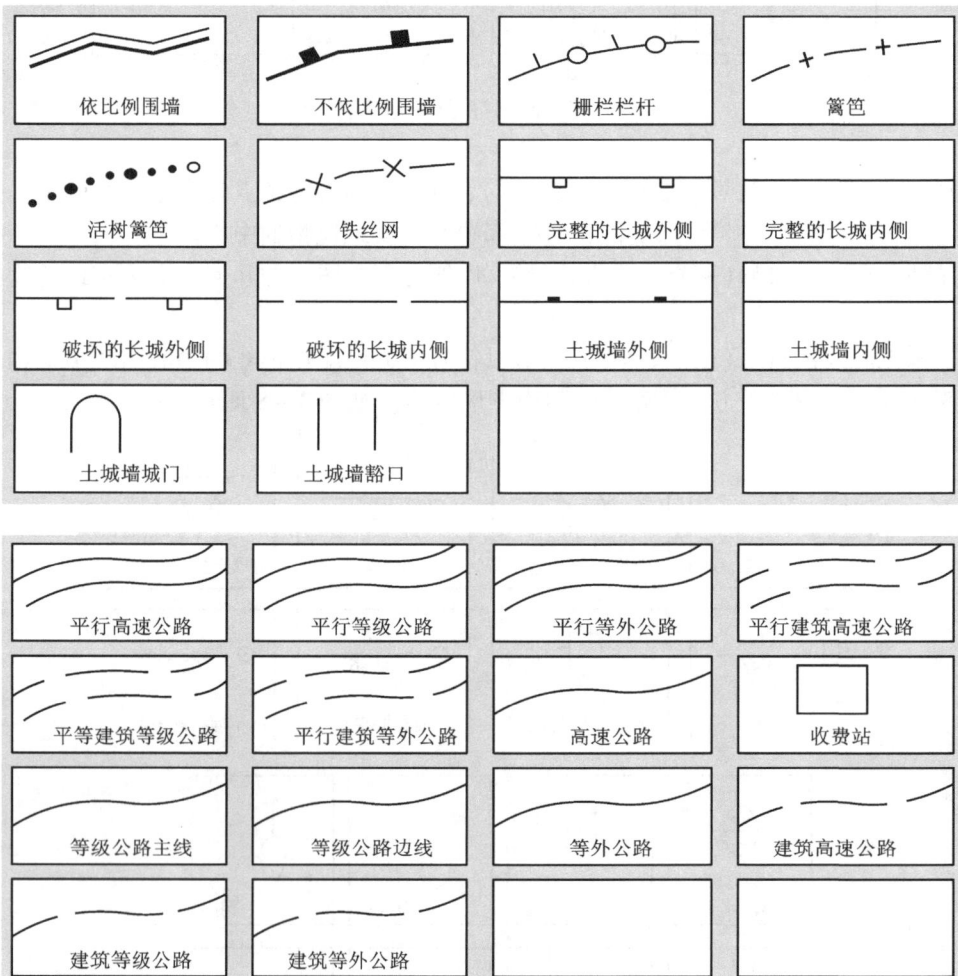

依比例围墙	不依比例围墙	栅栏栏杆	篱笆
活树篱笆	铁丝网	完整的长城外侧	完整的长城内侧
破坏的长城外侧	破坏的长城内侧	土城墙外侧	土城墙内侧
土城墙城门	土城墙豁口		

平行高速公路	平行等级公路	平行等外公路	平行建筑高速公路
平等建筑等级公路	平行建筑等外公路	高速公路	收费站
等级公路主线	等级公路边线	等外公路	建筑高速公路
建筑等级公路	建筑等外公路		

图 3 - 9 半比例符号（垣栅、公路 ）

部分地物符号的规定见表 3 - 1 所示。

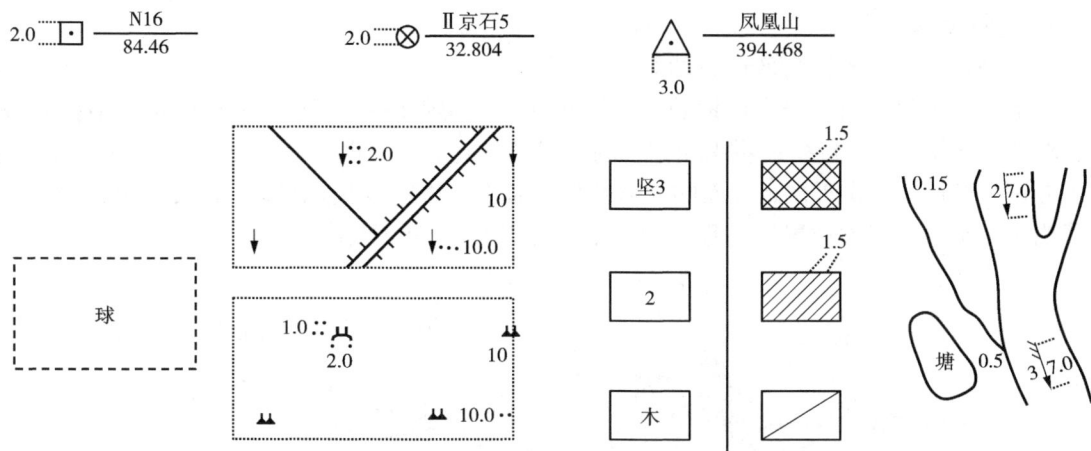

图3-10　地物注记

表3-1　地物符号表(节选)

编号	符号名称	1：500　1：1000	1：2000
1	一般房屋 混——房屋结构 3——房屋层数	 混3	
2	简单房屋		
3	建筑中的房屋	建	
4	破坏房屋	破	
5	棚房		
6	架空房屋	 砼4　砼　砼4	
7	廊房	 混3	
8	台阶		

4. 地貌及其表示

地貌是指地表上各种高低形态的总称。

地形图上一般用等高线表示地貌。对某些特殊地貌则用特殊地貌符号表示，如冲沟、梯田、峭壁、悬崖等。等高线必须匹配相应的符号或注记，方可明确指示地貌的实质。如加注高程注记，明确等高线所在高程面的具体数值；加绘示坡线以指示斜坡方向；加绘山头定位点以明确山头最高点的位置和高程。地貌基本形态及等高线见图3-11。

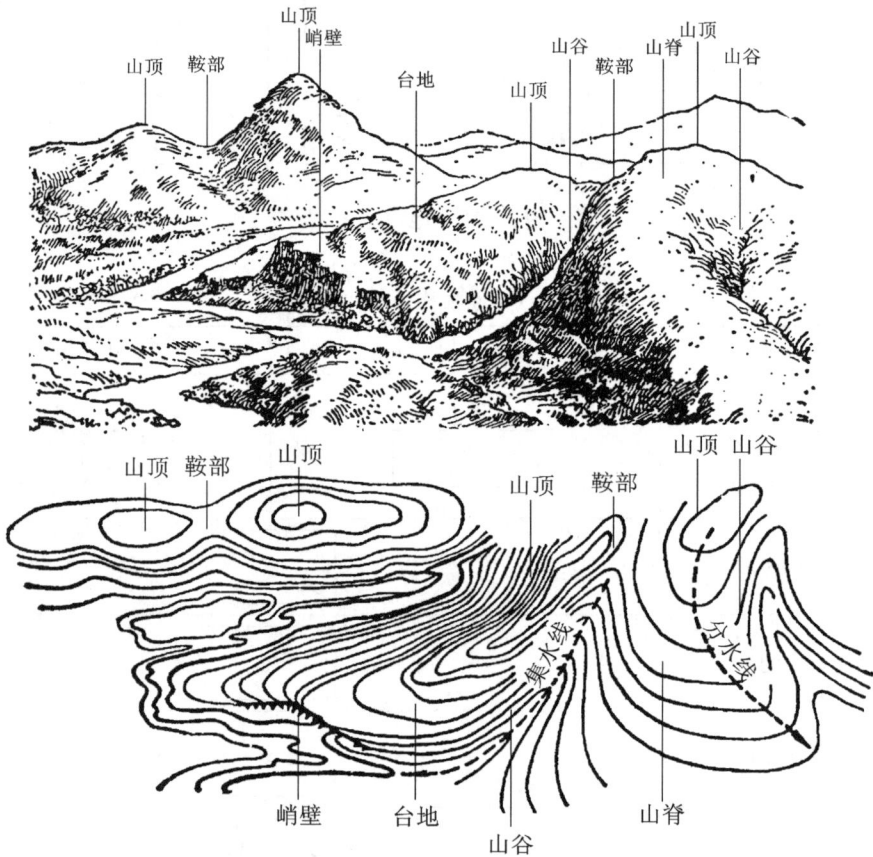

图3-11　地貌的基本形态及等高线图

地貌基本形态可归纳为四类：

平地：地面倾角在2°以下的地区。

丘陵地：地面倾角在2°~6°的地区。

山地：地面倾角在6°~25°的地区。

高山地：地面倾角在25°以上的地区。

（1）等高线

等高线是地面上高程相等的各点所连成的闭合曲线。把地面上海拔高度相同的点连成的闭合曲线，垂直投影到一个标准面上，并按比例缩小画在图纸上，就得到等高线。等高线也可以看作是不同海拔高度的水平面与实际地面的交线，所以等高线是闭合曲线。在等高线上标注的数字为该等高线的高程。

（2）等高距与等高线平距

等高距和等高线平距是两个完全不同的概念，等高距是指相邻两条等高线之间的高差；等高线平距是指相邻两条等高线之间的水平距离。

（3）等高线的种类

等高线按其作用不同，分为首曲线、计曲线、间曲线与助曲线四种（图 3 - 12）。

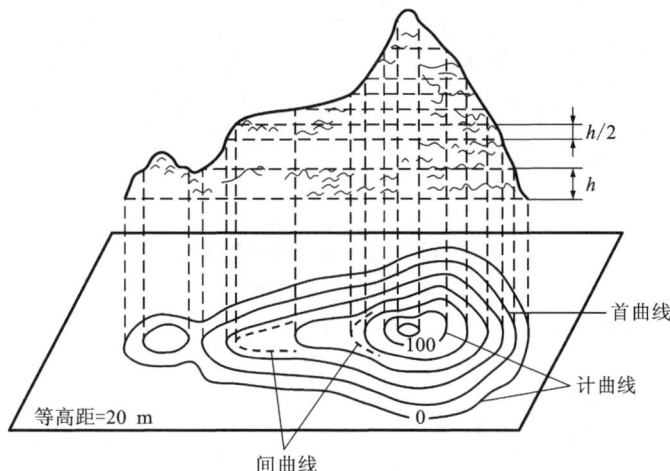

图 3 - 12　等高线种类

首曲线：又叫基本等高线，是按规定的基本等高距测绘等高线，用细实线表示，用以显示地貌的基本形态。

计曲线：又叫加粗等高线，从规定的高程起算面起，每隔五条等高线加粗一条，用粗实线表示，以便在地图上判读和计算高程，同时可更好地显示地貌的立体感。

间曲线：又叫半距等高线，是按 1/2 基本等高距描绘的等高线，用细长虚线表示，主要用以显示首曲线不能显示的某些微型地貌，间曲线只是在需要的时候才有。

助曲线：又叫辅助等高线，当某些局部地方加绘了间曲线后还是不能显示其地貌形态时，按 1/4 基本等高距加绘等高线，用细短虚线表示。

间曲线和助曲线只用于显示局部地区的地貌，故除显示山顶和凹地各自闭合外，其他一般都不闭合。还有一种与等高线正交、指示斜坡方向的短线叫示坡线，与等高线相连的一端指向上坡方向，另一端指向下坡方向（见图 3 - 12）。

（4）等高线特性

1）同一等高线上所有各点的高程相等，但高程相等的点不一定在同一条等高线上；

2）等高线是闭合曲线；

3）等高线与地性线正交；

4）等高线不能相交，也不能分叉；

5）在同一幅地形图上等高线越密，表示地面越陡；等高线越稀，则表示地面越平坦。

注意：等高线在过河时，要折向上游，过河后折向下游。等高线只有在绝壁和悬崖处才会相交。

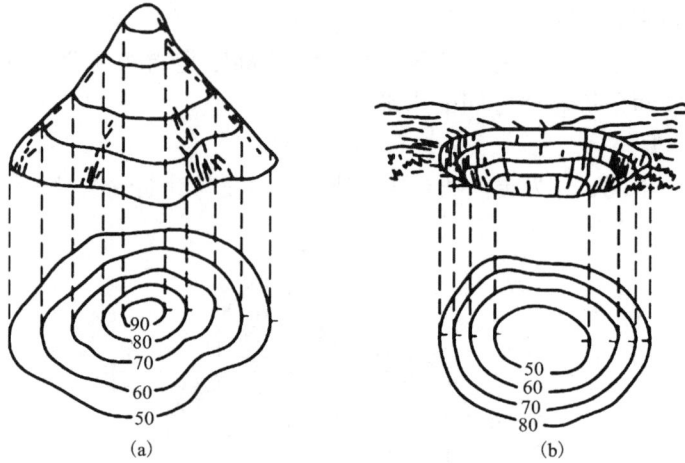

图 3 – 13　山头和洼地的等高线

（a）山头；（b）洼地

（5）几种典型地貌的等高线

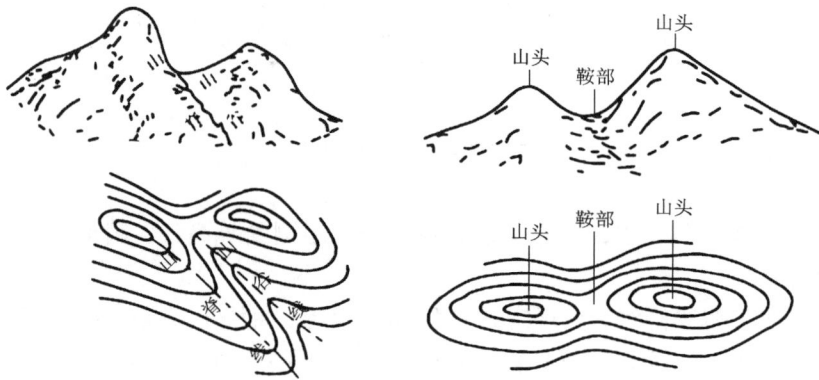

图 3 – 14　山脊、山谷、鞍部的等高线

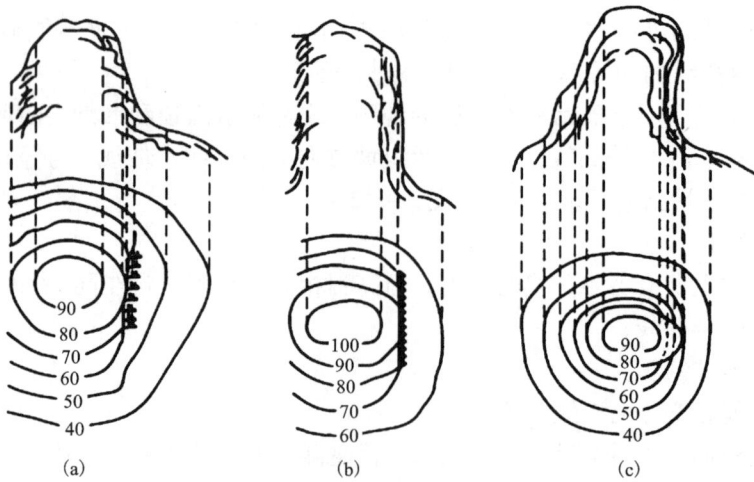

图 3 – 15　陡崖和悬崖的等高线

（6）等高线判读方法

对地形图上等高线表示的地貌，可依据等高线的形态来判定其是怎样的地形特征（见图 3－16）。

地形	地形特征	等高线形态	等高线图	判读方法
山峰 山丘	四周低 中间高闭合	曲线外 低内高	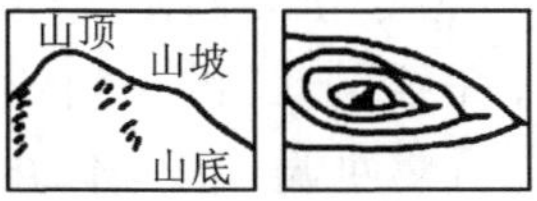 山顶 山坡 山底	①坡向线向外侧 ②数值内高外低
盆地 洼地	四周高闭合 中间低外高	曲线内 低外高	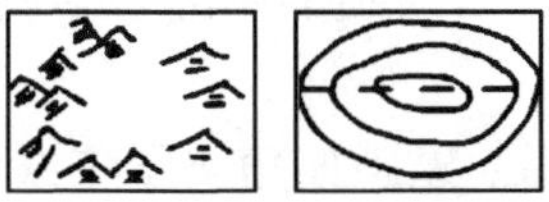	①坡向线向内侧 ②数值内低外高
山脊 （分水岭）	从山顶向外 伸出的凸起部分	等高线向 低处凸	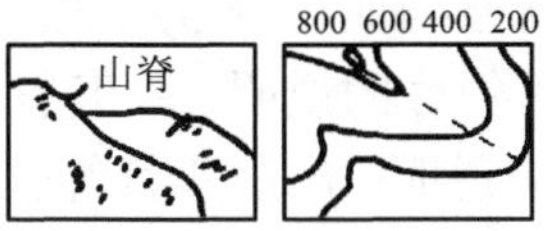 山脊　800 600 400 200	①等高线凸向低处 ②脊线高于两侧
山谷 （干谷、河谷）	山脊之间 低洼部分	等高线 向高处凸	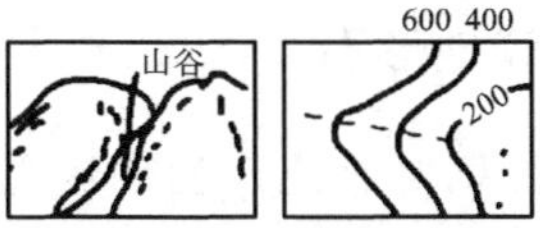 山谷　600 400 200	①等高线凸向高处 ②谷线低于两侧
鞍部	相邻两个山顶 之间呈马鞍形	一对山脊线	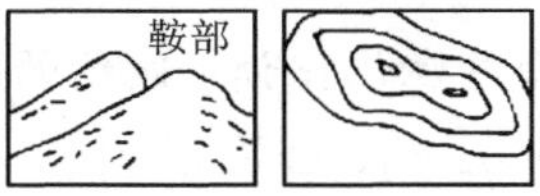 鞍部	两山峰之间
陡崖	近于垂直的 山坡	多条等高线 重合叠在一起	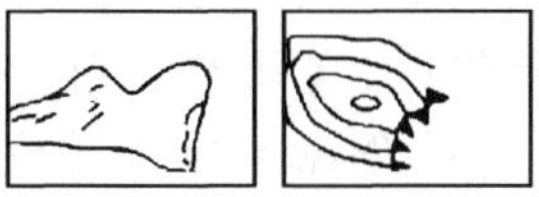	①等高线重合 ②根据陡崖符号

图 3－16　等高线图上基本地形单元类型和判读方法

5. 地形图的组成

一幅正规的地形图由图名、图号、比例尺、内外图廓、接图表、坡度尺、三北方向线、图面内容（地形与地物）和图例等部分组成。

图名：一般以本图幅范围内最大或最重要的地名作为图名，位于图纸的正上方。

图号：地形图的编号。由地形图所处的经纬度范围所决定。一般放在图名下方。

比例尺：数字比例尺位于图的正下方。

内外图廓：地形图的内图廓用细实线，南（下）北（上）两条线为本图幅的南北纬度界线，左（西）右（东）两条线为本图幅的经度范围；外图廓用粗实线表示，与内图廓平行。

接图表：为方便查找相邻地形图，在图纸的左上角或右下角绘制一个方框，分成九等份，每个小矩形代表一幅图，将本图放在中心位置用阴影线表示，上下左右四幅图分别表示本图北、南、西和东面相邻的四幅图，它们与本图为线接合，四个角上的图与本图幅为点接合。

坡度尺：一般放在图幅的左下角，其中的曲线代表等高线，由左向右越来越密集，相应的坡度也越来越大。它用来量测地形图上两点之间的坡度，有相邻两根等高线坡度尺和相邻

6 根等高线坡度尺之分；用卡规卡住要量坡度的两点，在坡度尺上去比对，可读出相应的坡度。

三北方向线：绘制在坡度尺旁边，用来形象地表示三个北方向之间的偏差。其中带五角星的线为地理子午线（经线），星的位置就是地理北也叫真北，带箭头的线为磁子午线，箭头即磁北方向，另一个带叉的线就是坐标纵线，即坐标北方向。磁偏角是磁北与正北的夹角叫磁偏角，以正北为准，磁北偏于正北西侧叫西偏，否则叫东偏；子午线收敛角是正北（地理子午线北）与坐标北（中央子午线的北）的夹角叫子午线收敛角，以正北为准，也有西偏和东偏之分，坐标北偏于正北之西交西偏；磁坐偏角即磁北与坐标北的夹角，以坐标北为准，磁北偏于坐标北西侧叫西偏。因为图上用的最多的是坐标线，量方位经常用罗盘，所以磁坐偏角是最重要的参数。

三北方向之间的关系：磁坐偏角 = 子午线收敛角 − 磁偏角

图面内容：由地形符号与地物符号组成。

图例：对图面上各种符号的说明，一般置于图纸的右侧。

坐标系统与高程系统说明、出版年月等：一般放在图纸右下角。

技能训练 3 – 1　识读地形图

识读地形图即以现行规定的地形图图式符号观察、理解和识别地形图中的地理信息所包含的实际内容。

识读的基本内容：图外注记识读、地物的识读、地貌的识读。

图外注记识读案例：某一幅地形图如图 3 – 1 所示，图外注记是附在图廓线外用以指导查阅地形图的说明，本图幅的图名为马家河；图号为 27.0 – 57.0，对大比例尺地形图而言，是以图幅的西南角点的坐标组成，X 坐标在前，Y 坐标在后，以公里为单位；接图表表示马家河这幅图相邻的图幅的图名；本图幅的比例尺为 1∶1000；本图由某省测绘局所测绘；是 2002 年 5 月采用数字测图的方式进行测绘；所采用坐标系统和高程系统分别是 1980 年西安坐标系和 1985 年国家高程基准；是采用的 1994 年版图式；是由张三测量、李四绘图、王五进行检查的。

地物识读是根据居民点地物的分布判定村镇集市位置和经济概况和根据植被的符号综合分析地表的种植情况。

地貌识读.根据等高线计曲线高程或示坡线判明地表的坡度走向；根据等高线与地貌的关系判定山脊、山谷走向，区分山地、平地的分布；利用地形图的坡度尺可测定地表的坡度情况。

识读地形图一般应按先图外后图内，先地物后地貌的原则进行。

训练：老师可依据本校的具体情况，找一幅校内或校周边的地形图，每位学生对照图纸，指出该图的图名、图号、测图比例尺、测图单位、坐标系统和高程系统等图外情况，然后找出居民地、道路、植被等地物，再找出头、山脚、山脊、山谷，判断是何类地形。搜集地形图中的重要点位及有关实地变化情况。

3.1.2　地形图分幅与编号

为了便于测绘、拼接、使用和保管地形图，需要将各种比例尺的地形图按统一的规定进行分幅和编号。

根据地形图比例尺的不同，有矩形和梯形两种分幅与编号的方法。大比例尺地形图一般采用矩形分幅，即按平面直角坐标网格线划分的图幅；而中小比例尺地形图则按梯形分幅，即以经纬度划分的图幅。

1. 梯形图幅的分幅与编号

我国基本比例尺是以国际 1:100 万地形图为基础，其梯形图幅的地形图比例尺序列为：1:100 万、1:50 万、1:25 万、1:10 万、1:5 万、1:2.5 万、1:1 万、1:5000、1:2000。

（1）1:100 万地形图的分幅与编号

从赤道起，每隔纬差 $\Delta B = 4°$，向南（北）直至 88°，将半球分为 22 个横列，每列依次用 A，B，C，D，$\cdots$，V 表示。

从经度 180° 起，每隔经差 $\Delta L = 6°$，自西向东用子午线分成 60 个纵列，依次用 1，2，3，4，$\cdots$，60 表示。

$$行号 = \mathrm{int}\frac{B}{4°} + 1 ; \quad 列号 = \mathrm{int}\frac{L}{6°} + 31$$

列号要加 30 是因为我国的地理位置在东半球。

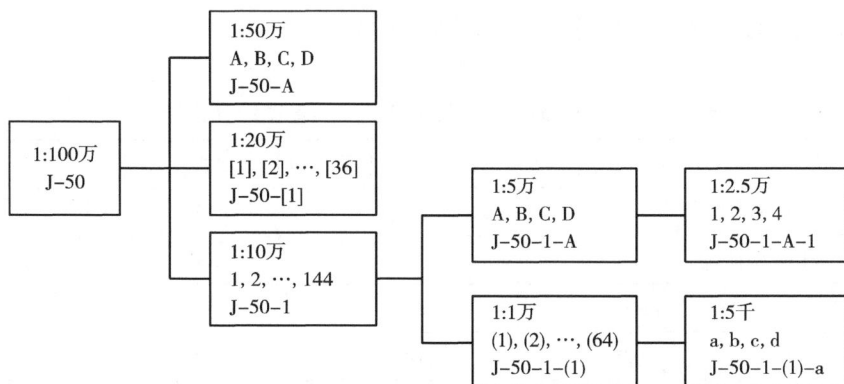

图 3 - 17　梯形系列分幅与编号

（2）1:50 万、1:25 万地形图的分幅与编号

将每幅 1:100 万地形图划分为 2 行 2 列，共 4 幅 1:50 万地形图，每幅 1:50 万地形图的经差 3°、纬差 2°，分别用 A、B、C、D 表示。

将每幅 1:100 万地形图划分为 4 行 4 列，共 16 幅 1:25 万地形图，每幅 1:25 万地形图的经差 1°30′、纬差 1°，分别用 [1]，[2]，$\cdots$，[16] 表示。

（3）1:10 万、1:5 万、1:2.5 万地形图的分幅与编号

1:10 万、1:5 万、1:2.5 万三种比例尺地形图的分幅是在 1:100 万地形图幅的基础上按规定的相应纬差和经差划分，根据划分的行和列，从上到下、从左到右按顺序分别用阿拉伯数字表示。

（4）1:1 万、1:5000 地形图的分幅与编号

1:1 万地形图的分幅是以 1:10 万图幅为基础，1:5000 地形图的分幅是以 1:1 万图幅为基础。

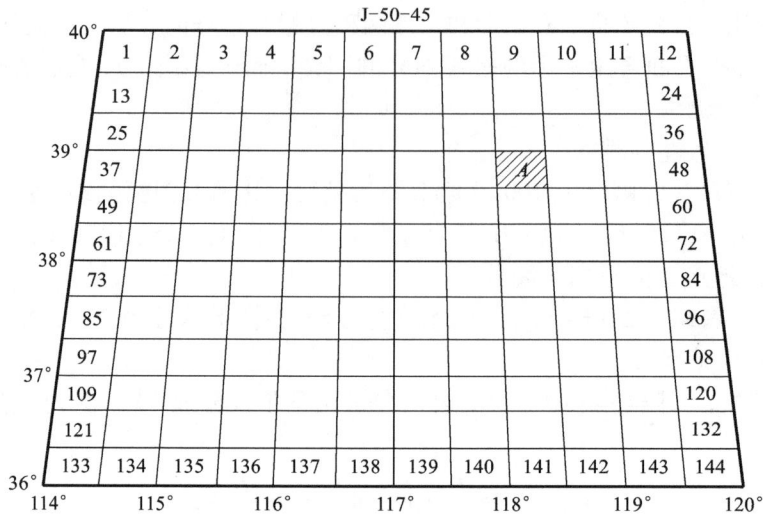

图 3-18　1：10 万地形图的分幅与编号

在 1：100 万图幅的基础上划分，具体规则见表 3-2。

表 3-2　1：10 万、1：5 万、1：2.5 万地形图的分幅规则

1：10 万、1：5 万、1：2.5 万地形图的分幅规则				
比例尺		1：10 万	1：5 万	1：2.5 万
比例尺代码		D	E	F
图幅范围	纬差	20′	10′	5′
	经差	30′	15′	7′30″
行列划分数量	行数	12	24	48
	列数	12	24	48

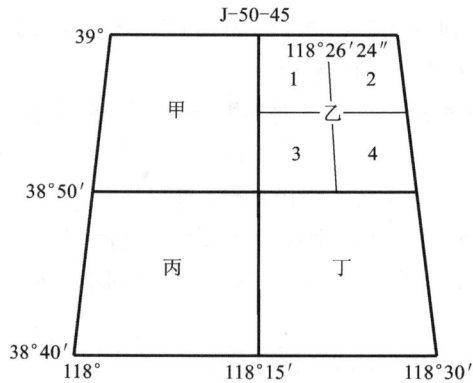

图 3-19　1：1 万地形图的分幅与编号

2.矩形分幅与编号

（1）分幅方法

1:500、1:1000、1:2000 的大比例尺地形图通常采用 50 cm × 50 cm 正方形分幅或 40 cm × 50 cm 的矩形分幅。1:5000 比例尺地形图也可采用 40 cm × 40 cm 的正方形分幅。

（2）编号方法

图幅西南角坐标公里数编号法：一般采用图幅西南角坐标公里数编号。"纵坐标－横坐标"如 6545.0 – 7552.0。

流水编号法：从左到右、从上而下进行流水编号。

横列编号法：先行后列，从左到右，自上而下编号。

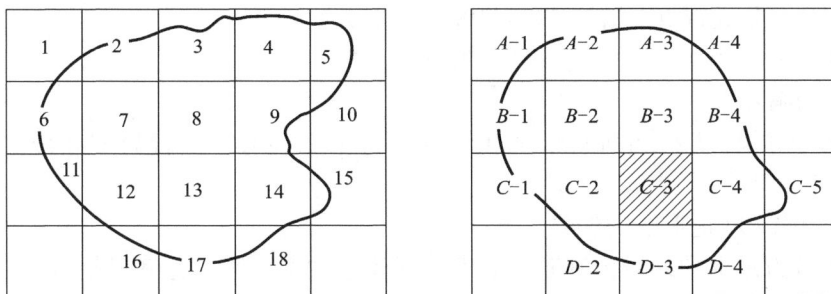

图 3 – 20　矩形图幅的编号

3.新的国家基本比例尺地形图分幅和编号

1991 年制订的《国家基本比例尺地形图分幅和编号》的国家标准，自 1991 年起新测和更新的地形图，照此标准进行分幅和编号。

（1）1991 年制订的《国家基本比例尺地形图分幅和编号》的国家标准的特点：

1）1:5000 地形图被列入我国国家基本比例尺地图系列，扩大了原先的分幅编号的范围。

2）分幅虽仍以 1:100 万地图作为基础，经纬差也没有改变，但划分的方法却不同，全部以 1:100 万地图加密划分而成。另外，由过去的纵行、横列改成现在的横行、纵列。

3）编号仍以 1:100 万地图编号为基础，由下接相应比例尺的行、列代码所构成，并增加了比例尺代码。

4）所有 1:5000 ~ 1:500000 地形图的图号均由五个元素 10 位码组成便于计算机管理。

（2）分幅与编号方法

1）分幅方法如下：

以 1:100 万地形图为基础，按规定的经差和纬差划分图幅。

1:100 万地形图按国际分幅：

经差 6 度、纬差 4 度（纬度 60 至 76 之间的经差为 12 度，纬度差为 4 度，纬度 76 至 88 之间的经差为 24 度，纬度为 4 度）

1:50 万：

一幅 1:100 万图分成 4 幅 1:50 万图（2 行 × 2 列）

1:25 万：

1 幅 1:100 万分成 16 幅 1:25 万(4 行×4 列)

1:10 万：

1 幅 1:100 万分成 144 幅 1:10 万(12 行×12 列)

1:5 万：

1 幅 1:100 万分成 576 幅 1:5 万(24 行×24 列)

1:2.5 万：

1 幅 1:100 万分成 2304 幅 1:2.5 万(48 行×48 列)

1:1 万：

1 幅 1:100 万分成 92164 幅 1:1 万(96 行×96 列)

1:5000：

1 幅 1:100 万分成 36864 幅 1:5000(192 行×192 列)

2)编号方法：

1:100 万的编号

方法同国际分幅，但行和列的称呼相反，由图所在的行号(字符码)与列号(数字码)组合而成。

1:50 万～1:5000 地形图的编号

均以 1:100 万地形图编号为基础，采用行列编号方法，先按比例尺划分为若干行和列，横行从上而下，纵列从左而右按顺序分别用阿拉伯数字(数字码)编号，均用三位数字，不是三位时前面补零，行号在前，列号在后。

编号为：1:100 万的图号 + 比例尺代码 + 行号 + 列号

如：F47C001004、F48C001001 表示比例尺为 1:25 万的图幅。

表 3-3　比例尺代码

1:50 万	1:25 万	1:10 万	1:5 万	1:2.5 万	1:1 万	1:5000
B	C	D	E	F	G	H

3.1.3　绘制坐标方格网与展绘控制点

采用手工成图测绘地形图时，宜选用厚度为 0.07～0.10 mm、经过热定型处理、变形率小于 0.02% 的聚酯薄膜作为原图纸。聚酯薄膜有空白图纸和印有坐标格网的图纸，印有坐标格网的又有 50 cm×50 cm 的正方形分幅和 40 cm×50 cm 长方形分幅两种规格。若购买的是空白图纸，就需要在图纸上绘制坐标格网，每个方格的尺寸为 10 cm×10 cm。

对于小范围的临时性测图，可直接用绘图纸在图板上进行测绘。

1. 坐标格网的绘制

绘制坐标格网常用坐标格网尺法、对角线法、绘图仪绘制等方法。在此介绍坐标格网尺的对角线法绘制。(参考 http://www.tudou.com/programs/view/5cXztLRde4U/)

坐标格网尺是一种带方眼的金属直尺，如图 3-21 所示。

如图 3-22 所示，沿图纸的四个角，用坐标格网尺绘出两条对角线交于 O 点，从 O 点起在对角线上量取四段相等长度，得出 a、b、c、d 四点，并连线，即得矩形 $abcd$。从 a、b 两点

图 3 - 21 坐标格网尺

起沿 ad 和 bc 向右每隔 10 cm 截取一点；再从 a、d 两点起沿 ab、dc 向上每隔 10 cm 截取一点。而后连接相应各点，即得到由 10 cm × 10 cm 正方形组成的坐标格网。坐标格网尺是精度较高的金属直尺，尺上有 6 个方孔，相邻方孔间的长度为 10 cm，起始孔是直线，中间刻一细指标线表示零点，其他各孔的弧段是以零点为圆心，分别以 10 cm 为半径的圆弧，尺端圆弧的半径为 50 cm × 50 cm 正方形对角线的长度 70.711 cm。

坐标格网绘制的准确性直接影响到解析点展绘的精度。因此，为了保证精度，必须进行以下几项检查，如图 3 - 23 所示。

1）同一条对角线方向的方格网点应位于同一条直线上，偏离不大于 0.2 mm；

2）方格线段的长度与理论值相差不应大于 0.2 mm；

3）图廓对角线长度与理论值之差不应大于 0.3 mm。

超过允许值时，应将格网进行修改或重绘。对印有坐标格网的图纸，则应作废。在坐标格网外边注记坐标值，格网线的坐标是按照地形图分幅确定的。

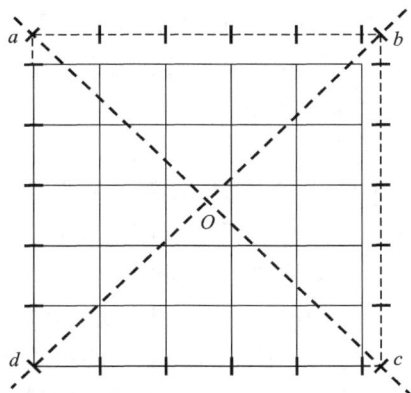

图 3 - 22 对角线法绘制坐标格网

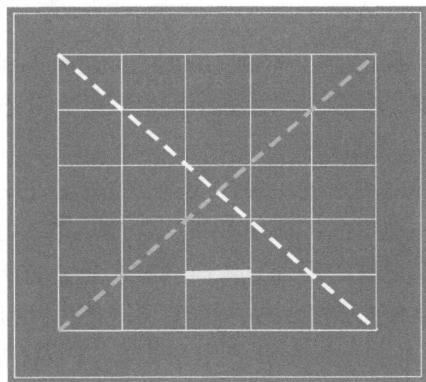

图 3 - 23 坐标格网检查

2. 展绘控制点

展绘控制点时，首先要确定控制点所在的方格。如图 3 - 24 所示，控制点 A 的坐标为（647.43，634.52），因此，确定其位置应在 klmn 方格内。从 l 和 m 点向上用 1∶1000 比例尺量 34.52 m，得出 a、b 两点，再从 l 和 k 点向右量 47.43 m，得出 c、d 两点，连接 ab 和 cd，其交点即为控制点 A 在图上的位置。用同样方法将其他各控制点展绘在图纸上。

最后用比例尺量取相邻控制点之间的图上的距离与已知距离进行比较，作为展绘控制点的检核，最大误差不应超过图上 ±0.3 mm，否则控制点应重新展绘。

当控制点的平面位置展绘在图纸上以后，按图式要求绘导线点符号并注记点号和高程，高程注记到厘米，以此作为铅笔原图。

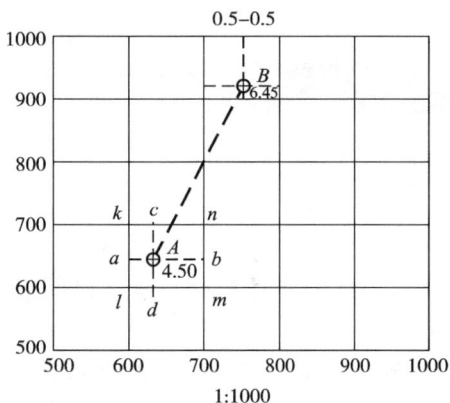

图 3 - 24 控制点展绘 (50 × 50 图幅)

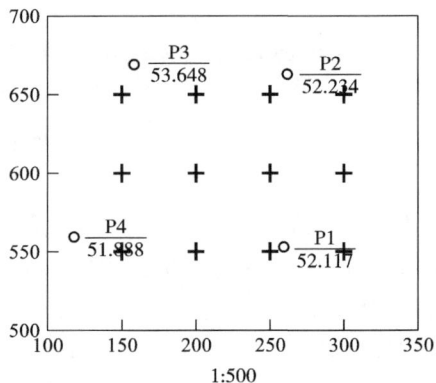

图 3 - 25 控制点展绘 (40 × 50 图幅)

3.1.4 测绘大比例尺地形图

1. 测图前的准备

测图前的准备包括收集技术资料、准备仪器工具和测图板等。

测图前，应了解测区的地形，收集测区有关自然地理和交通情况等资料，了解用图目的，获取测区的已知平面和高程控制点成果资料，并对资料进行核查，确认无误后才能使用，同时还应取得相应的测量规范、图式和技术设计书等。

用于测图的仪器工具根据测图方法的不同而有所不同，对所用的仪器应按规范要求进行检查和校正。若采用白纸测图，还应准备好测图板和图纸，图板要求平整，图纸一般采用聚酯薄膜，将其固定在测图板上，底下应垫白纸，以便能使图面看得清。

2. 碎部测量方法

碎部测量的主要内容是以图幅内的控制点、图根点为测站点，测定碎部点的平面位置和高程。地形图的质量在很大程度上取决于立尺员能否正确合理地选择地形点。地形点应选在地物或地貌的特征点上。地物特征点就是地物轮廓的转折、交叉和弯曲等变化处的点及独立地物的中心点。地貌特征点就是控制地形的山脊线、山谷线和倾斜变化线等地形线上的最高、最低点，坡度和方向变化处，以及山头和鞍部等处的点。地形点的密度主要根据地形的复杂程度确定，也决定于测图比例尺和测图的目的。测绘不同比例尺的地形图，对碎部点间距有不同的限定，对碎部点距测站的最远距离也有不同的限定。表 3 - 4 给出了地形测绘采用

表 3 - 4 地物点、地形点视距和测距的最大长度

比例尺	视距最大长度/m		测距最大长度/m	
	地物点	地形点	地物点	地形点
1:500	—	70	80	150
1:1000	80	120	160	250
1:2000	150	200	300	400

注：1. 1:500 比例尺测图时，在建成区和平坦地区及丘陵区，地物点距离应采用皮尺量距或光电测距，皮尺丈量最大长度为 50 m。

2. 山地、高山地地物点最大视距可按地形点要求。

3. 当采用数字化测图或按坐标展点测图时，其测距最大长度可按表中地形点放大 1 倍。

102

视距测量方法测量距离时的地形点最大间距和最大视距的允许值。地形图上高程注记点应分布均匀，丘陵地区高程注记点间距应符合表 3-5 的规定。

表 3-5　丘陵地区高程注记点间距

比例尺	1:500	1:1000	1:2000
高程注记点间间距/m	15	30	50

注：平坦及地形简单地区可放宽至 1.5 倍，地貌变化较大的丘陵地、山地与高山地应适当加密。

确定碎部点平面位置的方法主要有极坐标法、直角坐标法、角度交会法、距离交会法等；碎部点的高程一般采用视距三角高程测量的方法测定。

（1）极坐标法

极坐标法是根据测站点上的一个已知方向，测定已知方向与所测碎部点方向之间的夹角和量测测站点至所测碎部点的水平距离，从而确定碎部点位置的方法。

如图 3-26，A、B 为地面上两个已知的测站点，a、b 为图上相应点的位置。要将房子测绘到图纸上，在 A 点安置经纬仪，对中整平后，精确照准 B 点方向，固定照准部，将水平读盘配置为 $0°$。然后松开水平制动，照准房角 1 处的标尺，固定照准部，读取水平角、视距和垂直角，并一一记录。同时，根据水平角读数和图纸上的已知方向，用半圆仪在图纸上确定 a_1 的方向，用视距和垂直角计算 A 点到 C 点的实地水平距离，由测图比例尺确定图上距离 a_1，在 a_1 方向线上截取 a_1 长，得 1 点即为房角 1 点在图纸上的位置。依次用同样的方法测定其他各碎部点。

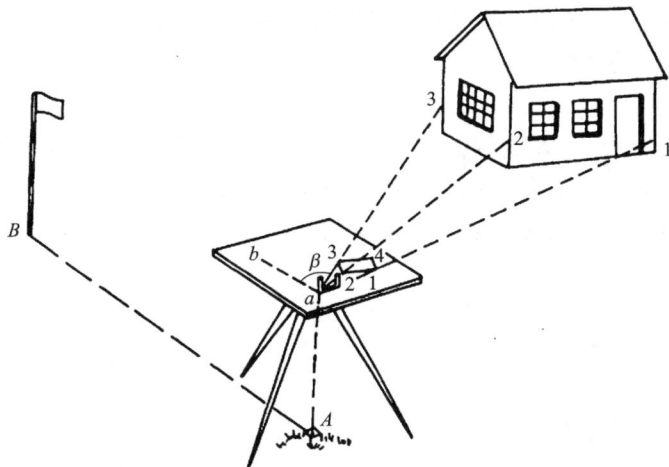

图 3-26　极坐标法

当然，水平距离的测定也可以用其他方法，如钢尺量距、全站仪测距等。

极坐标法是大比例尺测图中常用的主要方法，适用于通视良好的开阔地区，施测的范围比较大，效率较高。绝大部分的碎部点独立测定，不会产生误差累积。个别点测错时，易于发现，便于现场纠错。

（2）角度交会法

角度交会法是分别在两个已知点上对同一个碎部点进行角度交会以确定碎部点位置的一种方法（见图 3 – 27）。

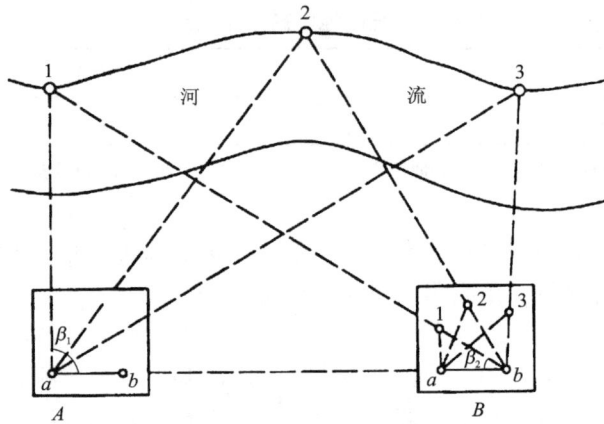

图 3 – 27　角度交会法

此法适用于测绘目标明确、距离较远或不易立尺但易于瞄准的碎部点。在大比例尺测图中，是测定少数特殊点的一种较好的辅助方法。此方法中要求交会角在 30° ~ 120° 之间较好。

（3）距离交会法

距离交会法是测定碎部点到两个已知控制点或两个已经测定的碎部点间的距离来确定碎部点的方法（见图 3 – 28）。

距离交会法也是一种碎部测量的辅助方法，适用于隐蔽地区或建筑物密集地区，通视困难，且距离不长、量距方便的碎部点测定。若是以碎部点为基础进行距离交会时，应注意误差的累积对测图精度的影响。

（4）直角坐标法

如图 3 – 29 所示，设 A、B 为控制点，碎部点 1、2、3 靠近 AB。以 AB 方向为 x 轴，找出碎部点在 AB 线上的垂足，用卷尺量出 x 和 y，即可定出碎部点。此法称为直角坐标法。直角坐标法适用于地物靠近控制点的连线，垂距 y 较短的情况。垂直方向可以用简单工具定出。

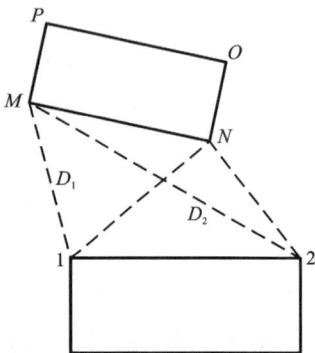

图 3 – 28　距离交会法

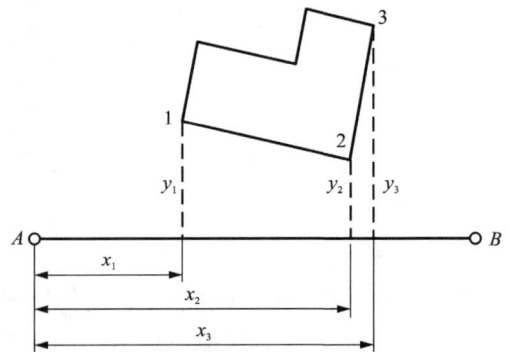

图 3 – 29　直角坐标法

（5）碎部点平距和高程的求定（见图3-30）

经纬仪测图中，其平距和高程的求定公式：

$$l' = l\cos\alpha \quad \therefore \quad S' = kl\cos\alpha$$

则

$$D = S'\cos\alpha = kl\cos^2\alpha$$

$$h_{AB} = D\tan\alpha + i - V \qquad (3-2)$$

因为经纬仪竖盘显示的度数是以天顶方向为0的天顶距z（在此先不考虑竖盘指标差的影响），而竖角α与天顶距Z互为余角，有$\cos\alpha = \sin Z$，$\tan\alpha = 1/\tan Z$，所以为了计算方便，可以将式（3-2）改写为式（3-3）。

$$D = S'\sin Z = kl\sin^2 Z$$

$$h_{AB} = D/\tan Z + i - V \qquad (3-3)$$

可利用科学计算器对式（3-3）进行编程，方便计算。

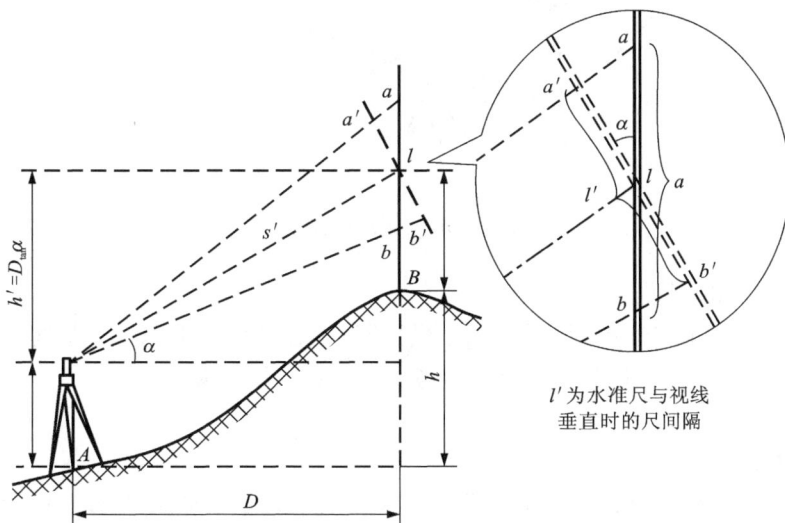

l'为水准尺与视线垂直时的尺间隔

图3-30　碎部点平距和高程的求定

（6）碎部测量的注意事项

1）应事先对所用仪器和工具进行检验校正。

2）测角时不用测回法，一个盘位即可。但每一测站应多次检查起始方向是否为零。若归零差超限，需重新照准起始方向安置0°00′00″，再对碎部点进行逐点改正。

3）每一测站在测绘前，应先对图上已展绘的各碎部点进行检查，点数应不少于两个，检查无误后，才能开始测绘。

4）测图工作的基本原则是"点点清、站站清、天天清"。在描绘地物、地貌时，必须遵守"看不清不绘"的原则。

3. 经纬仪法测图

经纬仪测绘法的实质是极坐标法。先将经纬仪安置在测站上，绘图板安置于测站旁边。用经纬仪测定碎部点方向与已知方向之间的水平角，并测定测站到碎部点的距离和碎部点的高程。然后根据数据用半圆仪（即量角器）和比例尺把碎部点的平面位置展绘于图纸上，并在点的右侧注记高程，对照实地勾绘地形。

经纬仪测图如 3 – 31 所示，主要包括以下几个方面：

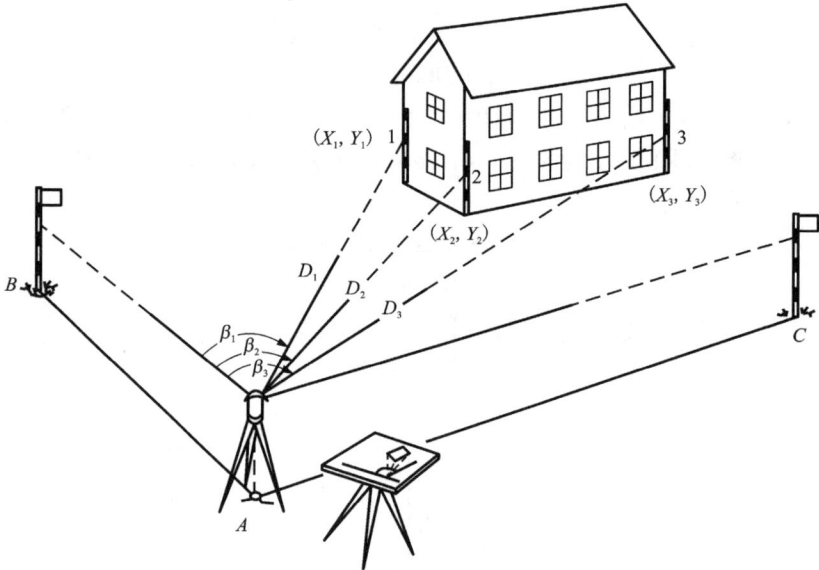

图 3 – 31 经纬仪测图

（1）仪器、人员的配置

1）工具：经纬仪、图板、标尺、小钢尺、量角器（半圆仪）、三棱尺、计算器、铅笔、橡皮等。

2）人员：观测员、记录计算员、绘图员各 1 人，立尺员 2 人。

（2）测图步骤

1）安置仪器（见图 3 – 32）

在控制点 A 安置经纬仪，量取仪器高并记录。对中误差不应大于图上 0.05 mm；以较远的一点定向，用其他点进行检核。经纬仪测图中，角度检测值与原角值之差不应大于 2′。每站测图过程中和结束前，应检查定向点方向，经纬仪测图时，归零差不应大于 4′。

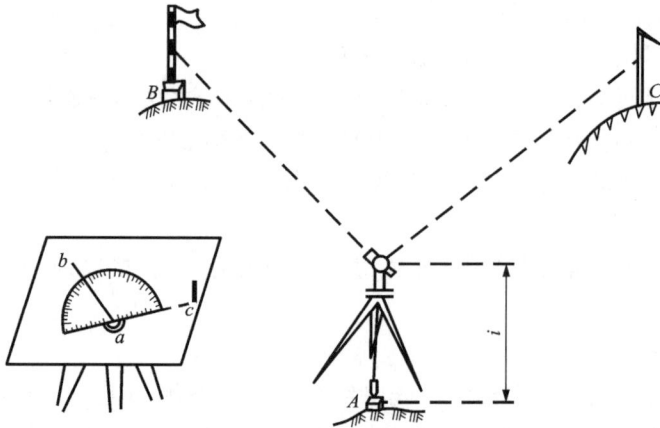

图 3 – 32 安置仪器

2）定向

照准另一控制点 B 作为后视方向，置水平度盘读数为 $0°00'00''$。绘图员将图板安置在测站附近，使图纸上控制边方向与地面上相应的控制边方向大致相同。用小针通过量角器圆心的小孔插在测站 A 对应的图上点位 a，使量角器圆心固定在 a 点。在 a 点和后视方向 B 的图上点位 b 间画一短直线 ab，短直线过量角器的半径，作为量角器读数的起始方向线。

3）立尺

立尺员依次将标尺立在地物、地貌特征点上。立尺前，立尺员应弄清实测范围和实地概略情况，选定立尺点，并与观测员、绘图员共同商定立尺路线。

地物取轮廓转折点，见图 3 - 33；地貌取地性线上坡度或方向变化点，见图 3 - 34。

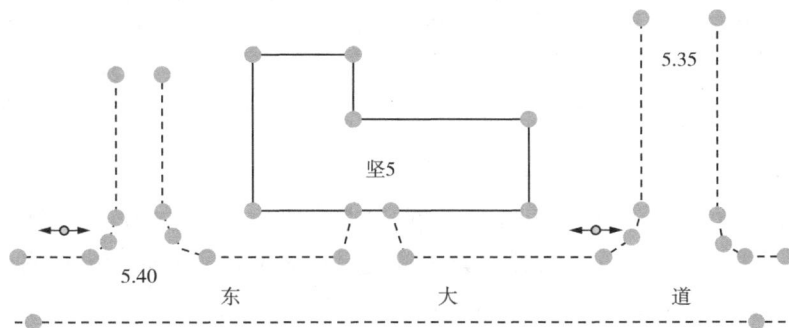

图 3 - 33　地物取点方法

图 3 - 34　地貌取点方法图

4）观测

瞄准各待测点上的标尺，依次读取水平角 β、视距（直接读取上、下丝之差）、竖盘读数 Z 和中丝读数，记录者应回报并记录数据。

5）记录、计算

记录者记录上述观测值，按视距测量公式计算出待测点至测站点的水平距离 D 和待测点的高程 H。

表 3 - 6 碎部点观测记录表

观测者：× × ×　　　　　　记录者：× × ×　　　　　　　　日期：× × × ×年×月×日

测站：A　　　　　　　　　仪器型号：DJ63578　　　　　　仪器高：1.51 m

起始方向：B　　　　　　　指标差：24″

检查方向：C　　　　　　　测站高程：45.36 m

点号	水平角	视距/m	竖盘读数	水平距离/m	中丝/m	高程/m	备注
C	155°43′27″	127.3	91°07′18″	127.3	1.87	42,51	检查点
1	26°28′	64.9	89°26′	64.9	1.87	45.64	房角
2	27°35′	58.0	89°27′	58.0	1.87	45.56	房角
3	32°43′	71.2	88°39′	71.2	1.86	45.68	房角
4	344°56′	62.5	90°29′	62.5	1.87	45.56	路边

6）展绘碎部点

绘图员转动量角器，将量角器上等于 β 角值（某碎部点为 114°00′）的刻划线对准起始方向线，如图 3 - 35 所示，此时量角器零刻划方向便是该碎部点的方向。根据图上距离 d，用量角器零刻划边所带的直尺定出碎部点的位置，用铅笔在图上点示，并在点的右侧注记高程。当基本等高距为 0.5 m 时，高程应注记至厘米；基本等高距大于 0.5 m 时可注记到分米。同法，将其余的碎部点的平面位置和高程绘于图上。同时，应将有关地形点连接起来，并检查测点是否有错。

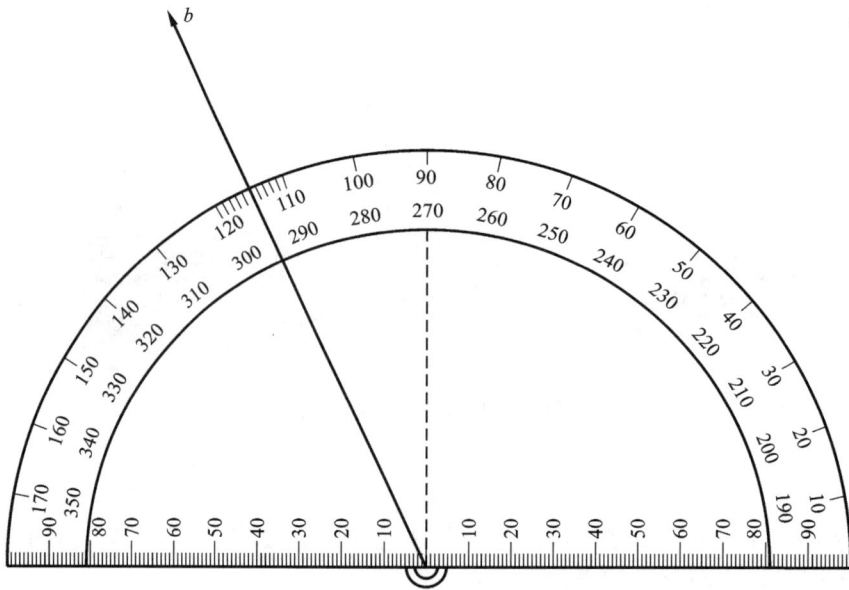

图 3 - 35 展绘碎部点方向

在测绘地形图时，对地物测绘的质量主要取决于是否正确合理地选择地物特征点，如房角、道路边线的转折点、河岸线的转折点、电杆的中心点等。主要的特征点应独立测定，一些次要的特征点可采用量距、交会、推平行线等几何作图方法绘出。

一般规定，主要建筑物轮廓线的凹凸长度在图上大于 0.4 mm 时，都要表示出来。如在 1:500 比例尺的地形图上，主要地物轮廓凹凸大于 0.2 m 时应在图上表示出来。对于大比例尺测图，应按如下原则进行取点。

有些房屋凹凸转折较多时，可只测定其主要转折角（大于 2 个），取得有关长度，然后按其几何关系用推平行线法画出其轮廓线。

对于圆形建筑物可测定其中心并量其半径绘图；或在其外廓测定三点，然后用作图法定出圆心，绘出外廓。

公路在图上应按实测两侧边线绘出；大路或小路可只测其一侧的边线，另一侧按量得的路宽绘出。

道路转折点处的圆曲线边线应至少测定三点（起、终和中点）绘出。

围墙应实测其特征点，按半比例符号绘出其外围的实际位置。

对于已测定的地物点应连接起来的要随测随连，以便将图上测得的地物与地面上的实体对照。这样，测图时如有错误或遗漏，就可以及时发现，给予修正或补测。

在测图过程中，根据地物情况和仪器状况选择不同的测绘方法，如极坐标法、方向交会法、距离交会法或直角坐标法。

7）绘制地形图（地物和等高线）

参照实地情况，应随测随绘，按《地形图图式》规定的符号将地物和等高线绘制出来。地形图上的线划、符号和注记应在现场完成。

每幅图应测出图廓外 5 mm，在测绘过程中应加强检查测区的边界线，以保证相邻图幅的正确拼接。

描绘地物：地物要按《地形图图式》规定的符号表示。如房屋轮廓用直线或圆滑曲线连接；而河流、道路按其走向连接；对于不能按比例描绘的地物，按相应的非比例符号表示。

勾绘等高线：大比例尺地形图通常用等高线表示地貌，但特殊地貌如悬崖、峭壁、土堆、冲沟、雨裂等用规定符号表示。

在测出地貌特征点后，即开始勾绘等高线。等高线的勾绘方法有比例内插法、图解法和目估法等，但它们的基本原理都是比例内插法，故在此仅介绍比例内插法。

勾绘等高线时，首先用铅笔轻轻描绘出山脊线、山谷线等地性线，由于等高距都是整米数或半米数，因此基本等高线通过的地面高程也都是整米数或半米数。由于所测地形点大多数不会正好就在等高线上，因此必须在相邻地形点间，先用内插法定出基本等高线的通过点，再将相邻各同高程的点参照实际地貌用光滑曲线进行连接，即勾绘出等高线。

图 3-36(b) 中，A 点高程为 207.40 m，C 点高程为 202.8 m，如果等高距为 1 m，则 AB 间必定有 203 m、204 m、205 m、206 m 和 207 m 五条等高线通过。

在一个均匀的坡度上，各点间的水平距离与高差成正比，据此可作一断面，如图 3-36(a)。设在图上量得 AB 的距离为 64 mm，AB 间的高差为 207.4 m - 202.8 m = 4.6 m。C 点与临近的 203 m 等高线的高差为 0.2 m，203 m 等高线通过的位置由 Cm 的平距来确定，其距离为：

$$\frac{Cm}{0.2} = \frac{64}{4.6} \rightarrow Cm = \frac{0.2 \times 64}{4.6} \approx 3 \qquad (3-4)$$

A 点高程为 207.4 m，其临近的 207 m 的等高线与 A 点的高差为 0.4 m，该等高线通过的位置由 Aq 间的平距确定，即：

$$\frac{Aq}{0.4} = \frac{64}{4.6} \rightarrow Aq = \frac{0.4 \times 64}{4.6} \approx 6 \qquad (3-5)$$

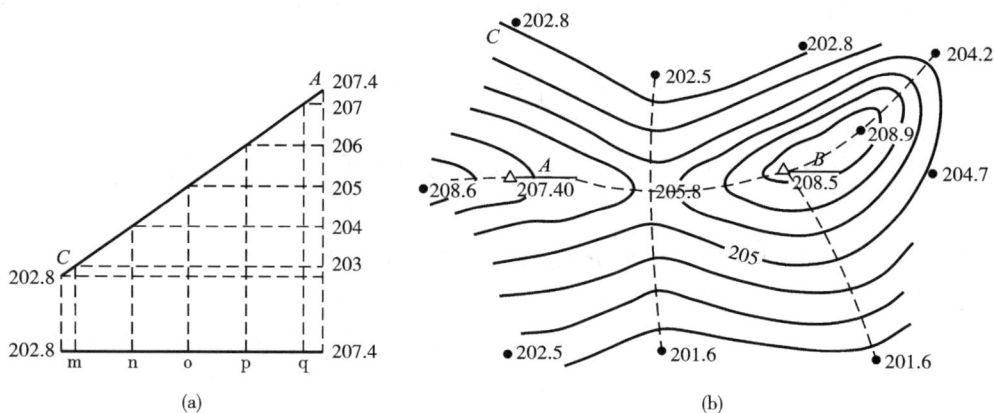

图 3-36 等高线的勾绘

由此，203 m 和 207 m 等高线在 AB 线上的相应位置就确定下来了，再将图上 203 m 和 207 m 两条等高线间的平距四等分，节点即为 204 m、205 m、206 m 等高线的位置。同样的方法可以定出其他各地形点间等高线的位置。然后将高程相同的各相邻点连成光滑的曲线，即得到等高线图。

等高线一般应在现场边测图边勾绘，要运用等高线的特性，至少应勾绘出计曲线，以控制等高线的走向，以便与实地地形相对照，可以当场发现错误和遗漏，并能及时纠正。

4. 数字测图

随着电子全站仪、计算机技术和成图软件的普及，地形图测绘基本已由数字测图代替了传统的白纸测图。其原理还是极坐标测量，因全站仪有测角、测距及计算功能，故测量碎部点时计算工作由全站仪内置计算程序完成，其作业步骤是：选择测站点，在测站点上安置好仪器（对中、整平），进入数据采集菜单，选择好数据存放的文件，输入测站点坐标、高程、仪器高；输入定向点坐标，照准定向点进行定向，即由全站仪计算出测站点与定向点间的方位角，照准定向点即是将仪器的度盘置为应有的方位角；定向完毕后进行定向检查，然后即可开始碎部点测量，每测一个点仪器照准棱镜按测量键测量，再按保存键保存即可。

野外数据测完后，将全站仪中的数据文件传入电脑中，用成图软件按各点的位置及属性进行绘图。

5. 检查、整饰地形图

（1）检查

为了确保地形图的质量，除施测过程中加强检查外，在地形图测完后，作业人员和作业小组必须对完成的成果、成图资料进行严格的自检和互检，确认无误后方可上交。包括：测站检查、室内图面检查、野外巡视检查和仪器设站检查(约占每幅图的10%)。

测站检查:为了保证测图正确、顺利地进行,必须在工作开始进行测站检查。检查方法是在新测站上,测试已测过的地形点,检查重复点精度在限差内即可。否则应检查测站点是否展错。此外,在工作中间和结束前,观测员可利用时间间隙照准后视点进行归零检查,归零差不应大于4′。在每测站工作结束时进行检查,确认地物、地貌无错测或漏测时,方可迁站。

室内检查的内容有:图根控制点的密度是否符合要求,位置是否恰当;图上地物、地貌是否清晰易读;各种符号注记是否正确;等高线与地形点的高程是否相符,有无矛盾可疑之处;图边拼接有无问题等。如发现错误或疑问,应加以记录,并到野外进行实地检查解决。

巡视检查:检查时应带图沿预定的线路巡视,将原图上的地物、地貌和相应实地上的地物、地貌对照。查看图上有无遗漏,名称注记是否与实地一致等。这是检查原图的主要方法,一般应在整个测区范围内进行,特别是应对接边时所遗留的问题和室内图面检查时发现的问题,作重点检查。发现问题后应当场解决,否则应设站检查纠正。

仪器设站检查:对于室内检查和野外巡视检查中发现的错误、遗漏和疑点,应用仪器进行补测与检查,并进行必要的修改。仪器设站检查量一般为整幅图的10%~20%。把测图仪器重新安置在图根控制点上,对一些主要地物和地貌进行重测。如发现点位误差超限,应按正确的观测结果修正。

(2)拼接

测区面积较大时,整个测区必须划分为若干幅图进行施测。这样,在相邻图幅连接处,由于测量误差和绘图误差的影响,无论是地物轮廓线,还是等高线往往不能完全吻合。因此采用分幅测图时,为了保证相邻图幅的拼接,一般规定每幅图的图边应测出图幅外5 mm。若偏差小于容许值,可以平均分配到两幅图中。

如图3-37所示,两图幅相邻边的衔接情况,房屋、道路、等高线都有误差。拼接不透明的图用宽约5~6 cm、长55~60 cm的透明图纸蒙在左图幅的图边上,用铅笔把坐标格网线、地物、地貌勾绘在透明纸上,然后再把透明纸按坐标格网线位置蒙在右图幅衔接边上,同样用铅笔勾绘地物和地貌,同一地物和等高线在两幅图上不重合量,就是接边误差。当用聚酯薄膜进行测图时,不必勾绘图边,利用其自身的透明性,可将相邻两幅图的坐标格网线重叠,就可量化地物和等高线的接边误差。若图幅的接边误差不超过表3-7、表3-8、表3-9中规定值的$2\sqrt{2}$倍时,则可取其平均位置进行改正,但应保持地物、地貌相互位置和走向的正确性;超过规定值时则应分析原因,到实地测量检查,以便得到纠正。地物点平面位置中误差、等高线注记点的高程中误差、等高线内插点的高程中误差均应满足表3-7、表3-8、表3-9中的要求。

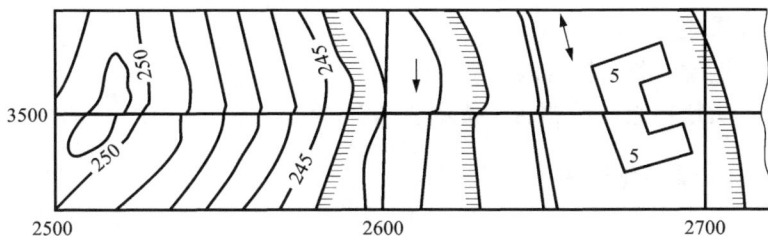

图3-37　地形图的拼接

表 3 - 7　图上地物点点位中误差与间距中误差

地区分类	点位中误差 （图上 mm）	临近地物点间距中误差 （图上 mm）
城市建筑区和平地、丘陵地、山地、高山地和 设站施测困难的旧街坊内部	≤0.5	≤ ±0.4
	≤0.75	≤ ±0.6

注：隐蔽或施测困难的地区，可放宽 50%。

表 3 - 8　城市建筑区和平坦地区高程注记点的高程中误差

分类	高程中误差/m
铺装地面的高程注记点	≤ ±0.07
一般高程注记点	≤ ±0.15

表 3 - 9　等高线内插点的高程中误差

地形类别	平地/m	丘陵地/m	山地/m	高山地/m
高程中误差	≤1/3 等高距	≤1/2 等高距	≤2/3 等高距	≤1 等高距

（3）整饰

地形图经过上述拼接和检查后，还应清绘和整饰，擦掉不必要的点、线、高程等，使图面更加规范、合理、清晰、美观。整饰的次序是先图内后图外，图内应先注记后符号，先地物后地貌，并按规定的图式进行整饰，注意各种线条遇注记时应断开，最后按图式要求绘内外图廓和接图表，书写方格网坐标、图名、图号、比例尺、坐标系统、高程系统和等高距、施测单位、测量者、绘图者及施测日期等。如系地方独立坐标，还应画出真北方向。

（4）验收

验收是在委托人检查的基础上进行的，以鉴定各项成果是否合乎规范及有关技术指标的要求（或合同要求）。首先检查成果资料是否齐全，然后在全部成果中抽出一部分作全面的内业、外业检查，其余则进行一般性检查，以便对全部成果质量作出正确的评价。对成果质量的评价一般分优、良、合格和不合格四级。对于不合格的成果成图，应按照双方合同约定进行处理，或返工重测，或经济赔偿，或既赔偿又返工重测。

各种工作结束后，将地形图和有关资料一起上交，上交的资料有：

控制点和图根点的展点图、水准路线图、埋石点点之记、测有坐标的地物点位置图、观测与计算手簿、成果表；

地形原图、图例簿、图幅接合表、接边纸；

技术设计书、质量检查验收报告、技术总结等。

技能训练 3 - 2　测绘地形图

（1）作业流程

借领仪器、工具→设置测站→碎部点观测→计算碎部点→展绘→上交成果资料。

（2）测量仪器及工具

借用：经纬仪 1 台套、视距尺 1 根、半圆仪 1 个、大三角板 1 个

自备：铅笔、橡皮、小刀片、白手套等。

（3）实训内容、要求及上交资料

以小组为单位，按《城市测量规范》完成一幅 50 cm × 50 cm 图幅大小、1:500 比例尺地形图的测绘，并提交碎部测量手簿。

任务 3.2 地形图应用

3.2.1 地形图的基本应用

在施工中，利用地形图可以获取施工所需的坐标、高程、方位角等数据，这是工程施工技术人员必须具备的基本技能。

1. 求图上某点的坐标

点的坐标是根据地形图上标注的坐标格网的坐标值确定的，如图 3–38 欲求 A 点坐标，先将 A 点所在方格网 abcd 用直线连接，过 A 点作格网线的平行线，交格网边于 g、e 点。再按测图比例尺量出 ag = 84.3 m，ae = 72.6 m，则 A 点坐标为（图格坐标以千米为单位）（注意图的比例尺，将图上距离换为实地距离）：

$$x_A = x_a + ag = 57100 + 84.3 = 57184.3 \text{ m}$$
$$y_A = y_a + ae = 18100 + 72.6 = 18172.6 \text{ m} \tag{3-6}$$

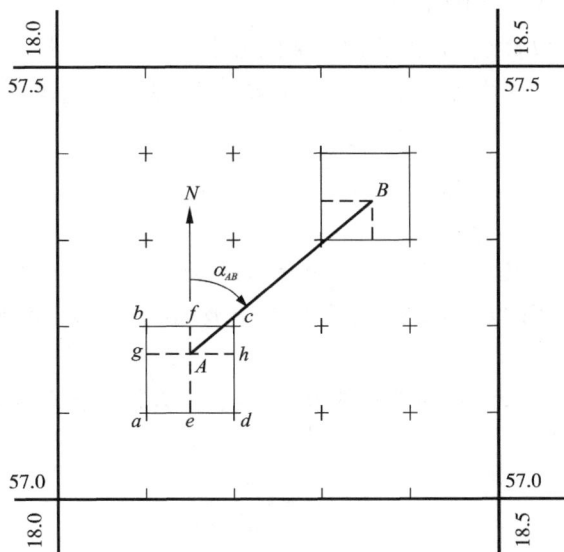

图 3–38 求图上某点坐标

如考虑图纸变形，则 A 点坐标按下式计算：

$$\begin{cases} x_A = x_a + \dfrac{10}{ab} \cdot ag \cdot M \\[3mm] y_A = y_a + \dfrac{10}{ab} \cdot ae \cdot M \end{cases} \qquad (3-7)$$

式中 ab、ad、ag、ae 为图上量取的长度(以 cm 为单位);M 为比例尺分母;x_a、y_a 为 a 点坐标。

2. 求图上某点的高程

图上点的高程可通过等高线求得。注意等高距,若所求点恰好位于某等高线上,那么该点高程就等于该等高线的高程。如图 3-39 中,A 点高程为 53 m,E 点高程为 54 m。若所求点在两等高线之间,如图 3-39 中的 F 点,可通过 F 作一条大致垂直两相邻等高线的线段 mn,在图上量出 mn 和 mB 的长度,则 F 点高程为位于 53 m 和 54 m 等高线间,过 F 点作与两等高线垂直的直线。交两根等高线于 m,n 点,图上量得距离 $mn = d$,$mF = d_1$,等高距 h,F 点高程为

$$H_F = H_m + h \dfrac{d_1}{d}$$

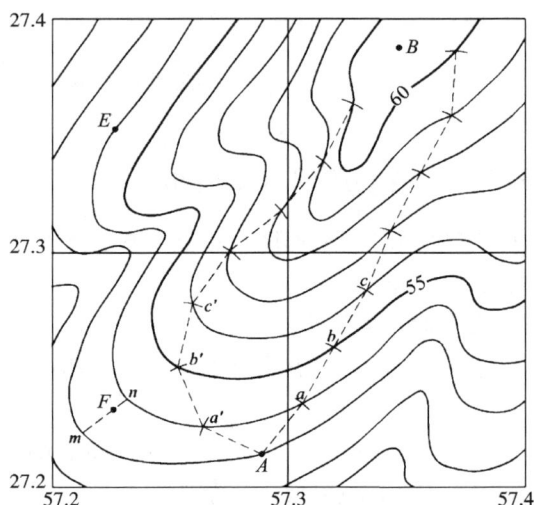

图 3-39　求点的高程

3. 求图上两点间的距离

欲求地形图上 A、B 两点间的距离有两种方法。

方法 1:在图纸上量取直线 AB 的距离,乘以数字比例尺的分母 M 即可得到。

方法 2:先采用在图上求出点的坐标的方法求出 A、B 两点的坐标,然后再按坐标反算距离的公式进行计算得到:

$$D_{AB} = \sqrt{(x_B - x_A)^2 + (y_B - y_A)^2} \qquad (3-8)$$

4. 求图上某直线的坐标方位角

欲求地形图上 A、B 两点间的坐标方位角有两种方法。

方法 1:在图纸上连接两点 AB,过起始点 A 作坐标纵线 AN,用题解器在图上量取 NAB 角度的大小即得。

方法 2:先采用在图上求出点的坐标的方法各出 A、B 两点的坐标,然后再按坐标反算方位角的公式进行计算得到。

$$\alpha_{AB} = \arctan \dfrac{y_B - y_A}{x_B - x_A} \qquad (3-9)$$

5. 确定某直线的坡度

坡度是地表单元陡缓的程度,通常把坡面的垂直高度 h 和水平距离 D 的比叫做坡度。坡度的表示方法有百分比法、度数法、密位法和分数法四种,通常以百分比法表示。

在地形图上求坡度的方法也有两种方法。

方法 1:用分规卡住要量测坡度的两点,利用地形图上的坡度尺可得出坡度。

方法 2：先在地形图上按前面所讲内容求得两点的高程，然后再用下式求出两点间的水平距离。

$$i = \frac{h}{D} = \frac{H_B - H_A}{Md} \qquad (3-10)$$

式中：h_0 为 A、B 两点间的高差；D 为 A、B 两点间实地水平距离；d 为 A、B 两点间在图上的距离；M 为比例尺分母。坡度一般用千分率或百分率表示。

技能训练 3-3　地形图一般应用

某幅地形图的局部如图 3-40 所示，请回答下列问题：

1. 图幅外我们可以得到哪些信息？
2. AB 两点的距离是多少？
3. AB 的坡度是多少？
4. AB 的坐标方位角是多少？

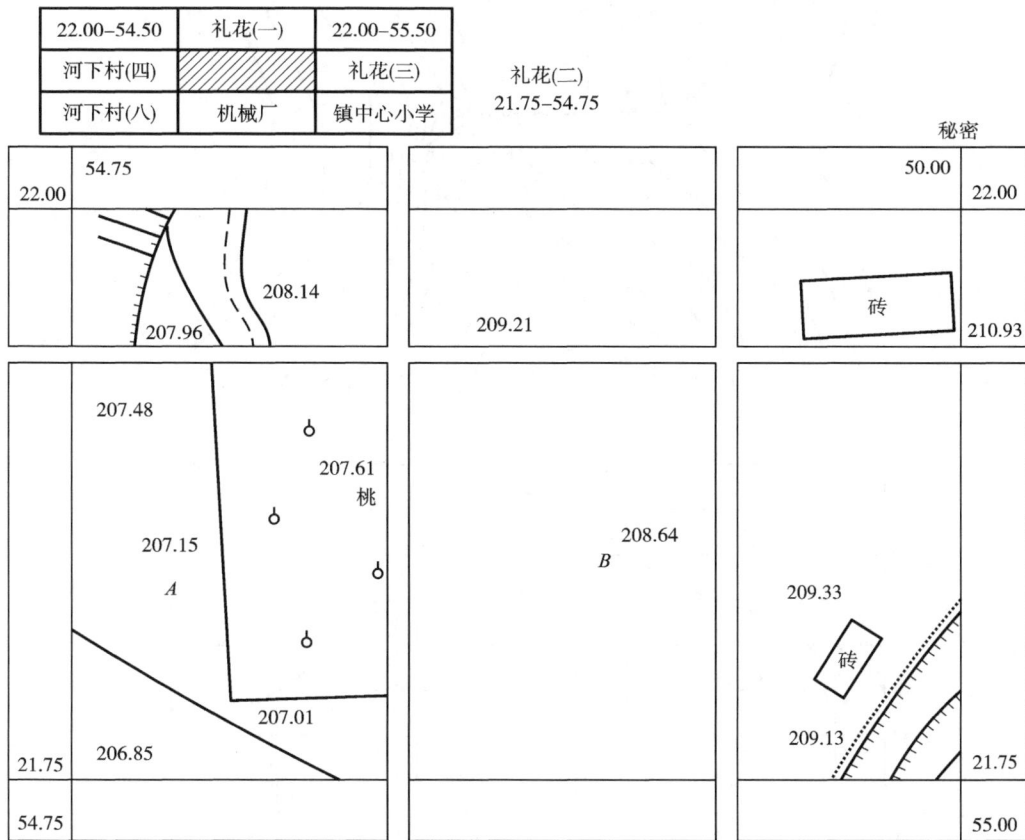

图 3-40　礼花（二）的局部地形图

3.2.2 地形图的工程应用

1. 绘制已知方向线的纵断面图

在道路、管线等工程设计中，为确定线路的坡度和里程，要按设计线路绘制纵断面图。利用地形图可绘制纵断面图。如图 3 – 41 所示，*ABCD* 为一越岭线路，需沿此方向绘纵断面图。首先在图纸下方或方格纸上绘出两垂直的直线，横轴表示距离，纵轴表示高程。然后在地形图上，从 *A* 点开始，沿线路方向量取两相邻等高线间的平距（图中点 2、6 和点 8、12 分别为 *B* 点、*C* 点处缓和曲线的起点和终点，在图中也应表示出来），按一定比例尺（可以是地形图比例尺，也可另定一个比例尺）将各点依次绘在横轴上，得 *A*、1、2、…、15、*D* 点的位置。再从地形图上求出各点高程，按一定比例尺（一般比距离比例尺大 10 或 20 倍）绘在横轴

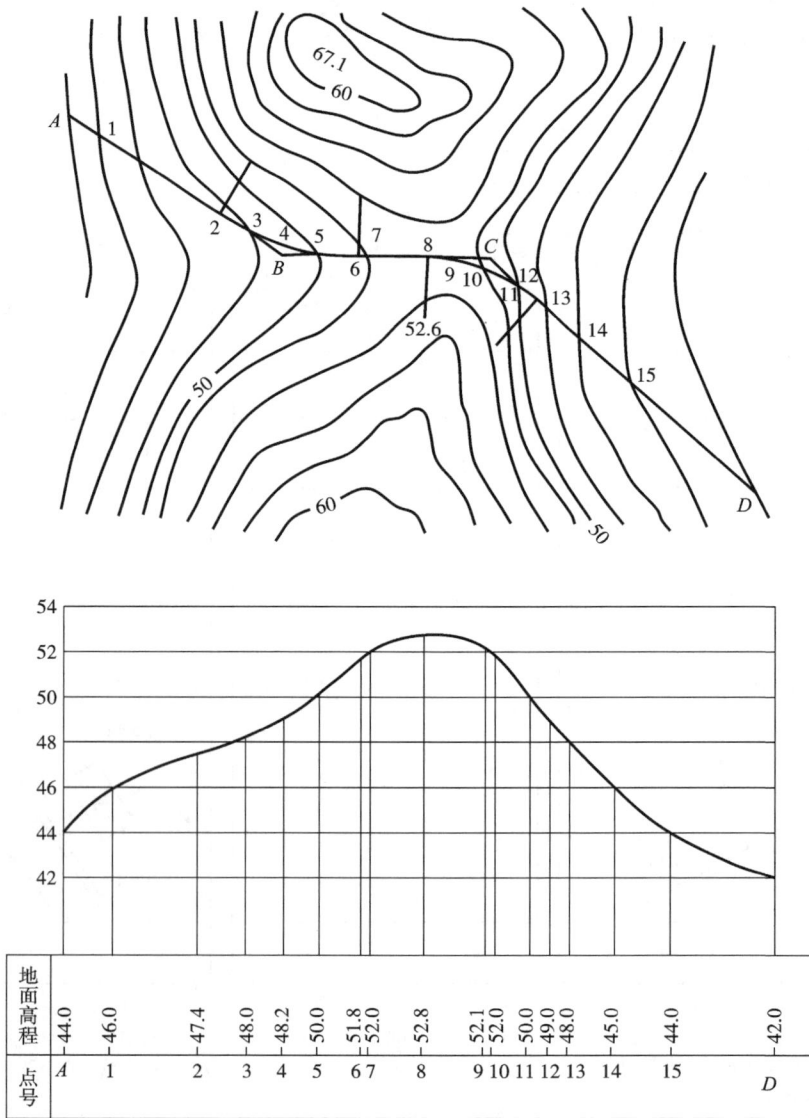

地面高程	44.0	46.0		47.4	48.0	48.2	50.0	51.8 52.0	52.8	52.1 52.0	50.0 49.0 48.0	45.0	44.0	42.0
点号	*A*	1		2	3	4	5	6 7	8	9 10 11	12 13	14	15	*D*

图 3 – 41 绘制纵断面图

相应各点向上的垂线上,最后将相邻垂线上的高程点用平滑的曲线(或折线)连接起来,即得路线 ABCD 方向的纵断面图。

2. 场地平整及土石方计算

在各项工程建设中,常要把地面整理成水平面。利用地形图可进行平整场地的土石方估算,即估算出应挖和应填的体积。方法有方格网法、等高线法、断面法等,实际工作中主要是采用方格网法,下面对方格网法作介绍。

如图 3 - 42 为 1∶1000 地形图,要求将原有一定起伏的地形平整成一水平场地,步骤如下:

第一步:绘方格网并求各格网点的高程。

在地形图上拟平整场地范围内绘方格网,方格网边长主要取决于地形的复杂程度、地形图比例尺的大小和土石方估算的精度要求,一般为 10 m 或 20 m。图上 1 cm 或 2 cm,然后根据等高线目估内插各格网点的地面高程,并注记在格点右上方。

第二步:确定场地平整的设计高程。

应根据工程的具体要求确定设计高程。大多数工程要求挖方量和填方量大致平衡,这时设计高程的计算方法是:先将每一方格的 4 个格点高程相加后除以 4,得各方格的平均高程;再将每个方格的平均高程相加后除以方格总数,即得设计高程。从计算设计高程的过程和图 3 - 42 可以看出,角点 A_1、D_1、D_4、C_6、A_6 的高程只参加一次计算,边点 B_1、C_1、D_2、D_3、C_5 …的高程参加两次计算,拐点 C_4 的高程参加三次计算,中间点 B_2、C_2、C_3…的高程参加四次计算,因此,设计高程的计算公式为

$$H = \frac{\sum H_角 + 2 \sum H_边 + 3 \sum H_拐 + 4 \sum H_中}{4n} \qquad (3 - 10)$$

式中:n 为方格总数。

将图 3 - 42 中各格点高程代入式(3 - 10),求出设计高程为 54.4 m。在地形图中内插绘出 54.4 m 等高线(图中虚线),此即为不填不挖的边界线,也称为零线。

第三步:计算挖、填方高度。

用格点实际高程减去设计高程即得每一格点的挖方或填方的高度,即:

$$挖(填)方高度 = 地面高程 - 设计高程 \qquad (3 - 11)$$

将挖、填方高度注记在相应格点右下方(可改用红色笔注记)。正号为挖方,负号为填方。

第四步:计算挖、填方量。

挖、填方量是将角点、边点、拐点、中点的挖、填方高度,分别代表 1/4、2/4、3/4、1 方格面积的平均挖、填方高度,故挖、填方量分别按下式计算:

角点:填(挖)方高度×方格面积/4;边点:填(挖)方高度×方格面积×2/4;
拐点:填(挖)方高度×方格面积×3/4;中间点:填(挖)方高度×方格面积×4/4。

实际计算时,可按方格线依次计算挖、填方量,然后再计算挖方量总和及填方量总和。图 3 - 42 中土石方量计算如下(方格边长为 15 m × 15 m):

$$V_w = \frac{1}{4} × 225 × 0.2 = +11.25 \ m^3$$

$$V_T = \frac{1}{4} × 225 × (-2.6) + \frac{2}{4} × 225 × (-0.6 - 1.1 - 1.3 - 2.1) = -720 \ m^3$$

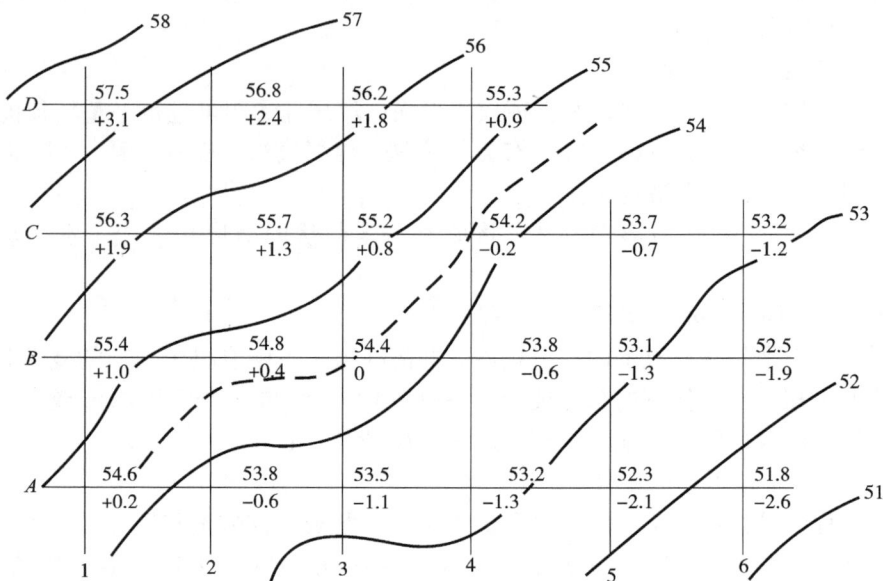

图 3 - 42　方格网法估算土石方

$$V_w = \frac{2}{4} \times 225 \times 1.0 + 225 \times 0.4 = 202.5 \ m^3$$

$$V_T = 225 \times (0 - 0.6 - 1.3) + \frac{2}{4} \times 225 \times (-1.9) = -641.25 \ m^3$$

$$V_w = \frac{2}{4} \times 225 \times 1.9 + 225 \times (1.3 + 0.8) = +686.25 \ m^3$$

$$V_T = \frac{3}{4} \times 225 \times (-0.2) + \frac{2}{4} \times 225 \times (-0.7) + \frac{1}{4} \times 225 \times (-1.2) = -180 \ m^3$$

$$V_w = \frac{1}{4} \times 225 \times (3.1 + 0.9) + \frac{2}{4} \times 225 \times (2.4 + 1.8) = +697.5 \ m^3$$

总挖方量为：$\sum V_w \approx +1598 \ m^3$，总填方量为：$\sum V_T \approx -1541 \ m^3$。

3. 计算图形面积

在地形图上量算面积的方法较多，方法有多边形面积量算法、坐标计算法、透明方格纸法、平等线法等。多边形面积量算法适合于规则图形，可将其分解为多个三角形进行计算，透明方格纸法适合于不规则的或曲线形的图形，应根据具体情况选择不同的方法。下面主要介绍坐标计算法。

多边形图形面积很大时，可在地形图上求出各顶点的坐标(或全站仪测得)，直接用坐标计算面积。

如图 3 - 43 所示，将任意四边形各顶点按顺时针编号为 1、2、3、4，各点坐标分别为 (x_1, y_1)、(x_2, y_2)、(x_3, y_3)、(x_4, y_4)。由图可知，四边形 1234 的面积等于梯形 3′344′ 加梯形 4′411′ 的面积再减去梯形 3′322′ 与梯形 2′211′ 的面积，

$$A = \frac{1}{2} \left[(y_3 + y_4)(x_3 - x_4) + (y_4 + y_1)(x_4 - x_1) - (y_3 + y_2)(x_3 - x_2) - (y_2 - y_1)(x_2 - x_1) \right]$$

118

整理后得：

$$A = \frac{1}{2}\left[x_1(y_2 - y_4) + x_2(y_3 - y_1) + x_3(y_4 - y_2) + x_4(y_1 - y_3) \right]$$

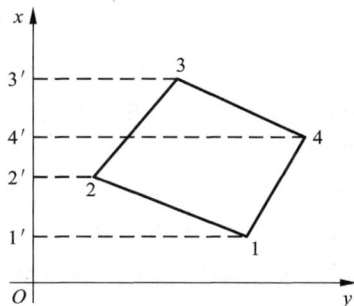

图 3 - 43　坐标计算法求面积

若四边形各顶点投影于 y 轴，则为：

$$A = \frac{1}{2}\left[y_1(x_4 - x_2) + y_2(x_1 - x_3) + y_3(x_2 - x_4) + y_4(x_3 - x_1) \right]$$

若图形为 n 边形，则一般形式为：

$$A = \frac{1}{2}\sum_{i=1}^{n} x_i(y_{i+1} - y_{i-1}) \tag{3-12}$$

或

$$A = \frac{1}{2}\sum_{i=1}^{n} y_i(x_{i-1} - x_{i+1}) \tag{3-13}$$

式中：n 为多边形边数。当 $i=1$ 时，y_{i-1} 和 x_{i-1} 分别用 y_n 和 x_n 代入，当 $i=n$ 时，y_{i+1} 和 x_{i+1} 分别用 y_1 和 x_1 代入。

此两公式算出的结果可作为计算检核。

技能训练 3 - 4　地形图的工程应用

如图 3 - 44 所示，将建筑区的地形改造成一水平场，便于建筑施工，请按如下步骤完成相应工作。

(1) 在图上绘方格网，以 1 cm 为方格，将各方格的 4 个角点的高程标注于对应点的右上方。

(2) 计算出设计高程。

(3) 计算各点上的填挖高度，标注于对应点的右下方。

(4) 计算出填挖方量。

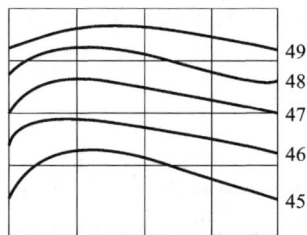

图 3 - 44

【知识归纳】

1. 地形图的比例尺、比例尺精度

2. 地形图的图名一般标注在地形图北图廓外上方中央。大比例尺地形图的图号一般采用该图幅西南角坐标的千米数为编号，纵坐标 x 在前，横坐标 y 在后，中间用短线连接。内图廓线是坐标方格网的组成部分，外图廓线是图幅的最外围边线。

3. 在图幅左上角列出相邻图幅图名，斜线部分表示本图位置，称为接图表。

4. 地物符号有比例符号、非比例符号、半比例符号和地物注记。

5. 地面上高程相等的相邻各点连成的闭合曲线，称为等高线。

6. 相邻等高线之间的高差称为等高距，相邻等高线之间的水平距离称为等高线平距。

7. 等高线分为四类：首曲线、计曲线、间曲线和助曲线。

8. 等高线的特性有：等高性、闭合性、非交性、正交性和密陡稀缓性。

9. 测图前的准备工作有：整理好控制点的成果及相关的图纸资料；准备好仪器设备并进行必要的检校；准备质地较好的图纸；绘制坐标格网；展绘控制点。

10. 经纬仪测绘法的施测过程：在测站安置经纬仪并进行测站检查；测图板安置在测站附近；经纬仪观测各碎部点水平角、视距、竖角等；计算图上距离和高程；展绘碎部点。

11. 碎部点的正确选择是保证成图质量和提高测图效率的关键，碎部点应选在地物、地貌的特征点上。

12. 按照测图的要求，有些地形受条件的限制，图根点分布不太均匀，或在图根点较稀少的地方需要增补测站点，测站点的增补常采用支导线法、插点法等。

13. 等高线勾绘的基本原理是比例内插法。

14. 测图的基本原则是"点点清、站站清、天天清"和"看不清不绘"。

15. 地形图的室内应用与工程应用。

【达标检测】

1. 能正确识读地形图。
2. 能采用一定的工具绘制坐标格网并依比例展绘控制点。
3. 能熟练地使用经纬仪完成碎部点观测的全部工作。
4. 能熟练地完成某碎部点平距和高程的计算并展绘该点。
5. 会进行地形图的检查和整饰。
6. 能在地形图上正确计算指定点的坐标和高程及两点间的距离和方位角。
7. 能利用地形图计算工程的土石方量。

【思考与练习】

1. 什么是地形图？什么是数字比例尺？

2. 什么是比例尺精度？1∶500、1∶1000 地形图的比例尺精度为多少？

3. 地物符号有哪些类型？各用于何种情况？对同一种地物，绘制在不同比例尺的地形图上时，是否必须用相同的地物符号？

4. 什么是等高线、等高距、等高线平距？在同一幅地形图上等高线平距、等高距和地面坡度有何关系？

5. 等高线有哪几种类型？等高线有何特性？

6. 测图前的准备工作有哪些？如何绘制坐标方格网和展绘控制点？

7. 如何检查绘制的方格网和展绘的控制点的质量？

8. 经纬仪测绘法是如何进行碎部测量的？试述经纬仪测绘法在一个测站上的测绘工作。

9. 目估法勾绘等高线的原理是什么?

10. 表 3 - 10 为碎部测量手簿, 试计算各碎部点的水平距离和高程。(注: 望远镜视线水平时, 盘左位置竖盘读数为 90°, 望远镜上仰时, 读数减小)

表 3 - 10 碎部测量手簿

测站: A 仪器型号: DJ64025 仪器高: 1.50 m
起始方向: B 指标差: 24″
检查方向: C 测站高程: 234.5 m

点号	水平角	视距/m	竖盘读数	水平距离/m	中丝/m	高程/m	备注
1	43°30′	39.5	84°36′		1.50		
2	69°20′	57.5	85°18′		1.50		
3	105°00′	61.4	93°15′		2.50		
4	144°56′	56.5	91°18′		1.67		

11. 根据图 3 - 45 地貌特征点的平面位置和高程, 勾绘等高距为 1 m 的等高线。

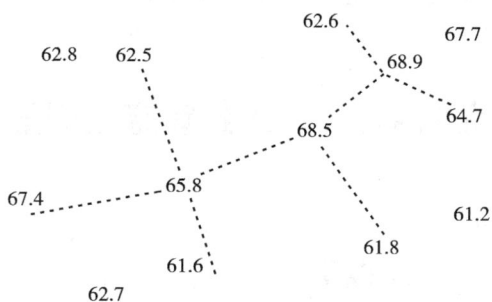

图 3 - 45 勾绘等高线

12. 如何计算场地的设计高程?

项目 4　建筑施工测量

【素质目标】

有团队协作和吃苦耐劳精神；具有与人沟通的能力；有踏实肯干、勇挑重担、耐心细致的工作作风。

【知识目标】

掌握施工测量的基本工作，施工控制网的建立方法，重点掌握民用建筑施工过程中进行的测量工作和方法。

【技能目标】

通过本项目的学习，使学生掌握施工放样的基本技能，能从事建筑工程建设的施工测量工作。

任务4.1　民用建筑施工测量

4.1.1　施工测量基础

施工测量的目的是按照设计和施工的要求将设计的建（构）筑物的平面位置和高程在地面上标定出来，作为施工的依据。施工测量贯穿整个施工过程中，从场地平整、建筑物定位、基础施工到建筑物的安装等工序，都需要进行施工测量。施工测量的主要内容有：建立施工控制网；建筑物、构筑物的详细放样；检查、验收；变形观测。施工测量与工程施工的工序密切相关。

1. 测设已知水平距离

测设已知水平距离是从地面一已知点开始，沿已知方向测设出给定的水平距离，以定出第二个端点的工作。根据测设的精度要求不同，可分为一般测设方法和精确测设方法。

（1）一般方法

如图4-1所示，在地面上，由已知点 A 开始，沿给定方向，用钢尺量出已知水平距离 D，定出 B 点。为了校核与提高测设精度，在起点 A 处改变读数，按同法量已知距离 D，定出 B' 点。由于量距有误差，B 与 B' 两点一般不重合，其相对误差在允许范围内时，则取两点的中点作为最终位置。

（2）精确方法

当水平距离的测设精度要求较高时，按照上面一般方法在地面测设出的水平距离，还应再加上尺长、温度和高差三项改正，但改正数的符号与精确量距时的符号相反。即：

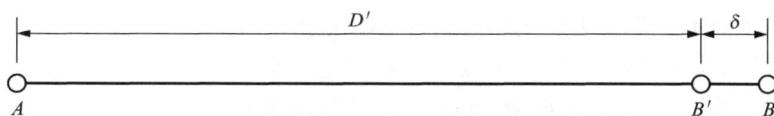

图 4-1　已知水平距离测设

$$L = D - \Delta l_{\mathrm{d}} - \Delta l_{\mathrm{t}} - \Delta l_{\mathrm{h}}$$

式中：D 为已知水平距离；Δl_{d} 为尺长改正；Δl_{t} 为温度改正；Δl_{h} 为倾斜改正。

为了避免错误，须测设两次取平均位置。

（3）光电测距仪测设法

由于光电测距仪的普及应用，当测设精度要求较高时，一般采用光电测距仪测设法。测设方法如下：如图 4-2 所示，在 A 点安置光电测距仪，反光棱镜在已知方向上前后移动，使仪器显示值略大于测设的距离，定出 C' 点。在 C' 点安置反光棱镜，测出垂直角 α 及斜距 L（必要时加测气象改正），计算水平距离 $D' = L\cos\alpha$，求出 D' 与应测设的水平距离 D 之差 $\Delta D = D - D'$。根据 ΔD 的数值在实地用钢尺沿测设方向将 C' 改正至 C 点，并用木桩标定其点位。将反光棱镜安置于 C 点，再实测 AC 距离，其不符值应在限差之内，否则应再次进行改正，直至符合限差为止。

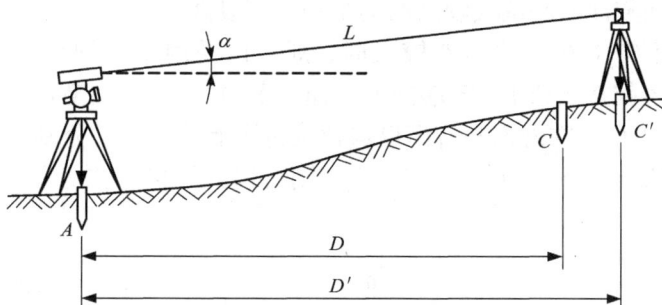

图 4-2　用测距仪测设已知水平距离

2. 测设已知水平角度

已知水平角的测设，就是在已知角顶点并根据一个已知边方向，标定出另一边的方向，使两方向的水平角等于已知水平角角值。按测设精度要求不同分为一般方法和精确方法。

（1）一般方法

当测设水平角精度要求不高时，可采用此法，即用盘左、盘右取平均值的方法。如图 4-3 所示，OA 为已知方向，要在 O 点测设 β 角。为此，在 O 点

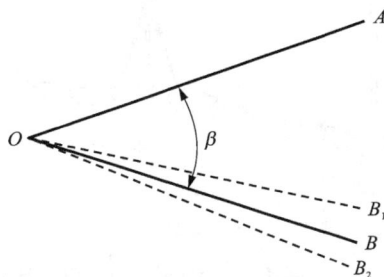

图 4-3　一般方法测设水平角

设置经纬仪，以正镜测设 β 值得 B_1。为了消除仪器误差的影响，再以倒镜测设 β 角得 B_2 点。取 B_1 和 B_2 中点 B，则 $\angle AOB$ 即为测设的 β 角。

（2）精确方法

当测设精度要求较高时，可采用精确方法测设已知水平角。如图 4-4 所示，安置经纬仪于 O 点，按照上述一般方法测设出已知水平角 $\angle AOB'$，定出 B' 点。然后较精确地测量 $\angle AOB'$ 的角值，一般采用多个测回取平均值的方法，设平均角值为 β'，测量出 OB' 的距离。按下式计算 B' 点处 OB' 线段的垂距 $B'B$。

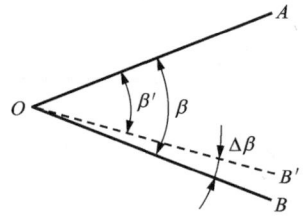

图 4-4　精确方法测设水平角

$$B'B = \frac{\Delta\beta''}{\rho''} \cdot OB' = \frac{\beta - \beta'}{206265''} \cdot OB'$$

然后，从 B' 点沿 OB' 的垂直方向调整垂距 $B'B$，$\angle AOB$ 即为 β 角。如图 4-3 所示，若 $\Delta\beta > 0$ 时，则从度 B' 点往内调整 $B'B$ 至 B 点；若 $\Delta\beta < 0$ 时，则从 B' 点往外调整 $B'B$ 至 B 点。

3. 测设已知高程

高程测设：利用水准测量的方法，根据已知水准点，将设计高程测设到现场作业面上。

（1）地面上测设已知高程

如图 4-5，在水准点与待测设点间安置水准仪，读取已知水准点读数，计算视线高程。$H_i = H_A + a$

视线高程减去待测设点高程计算待测设点的读数。$b = H_i - H_B$

在待测设点立尺，上下移动使读数等于应有读数，在尺底标定测设位置。

（2）高程传递（向较深的基坑或较高的建筑物上测设高程）

当待测设点与已知水准点的高差较大时，则可以采用悬挂钢尺的方法进行测设。如图 4-6 所示，钢尺悬挂在支架上，零端向下并挂一重物，A 为已知高程为 H_A 的水准点，B 为待测设高程为 H_B 的点位。在地面和待测设点位附近安置水准仪，分别在标尺和钢尺上读数 a_1、b_1 和 a_2。由于 $H_B = H_A + a - (b_1 - a_2) - b_2$，则可以计算出 B 点处标尺的读数 $b_2 = H_A + a - (b_1 - a_2) - H_B$。

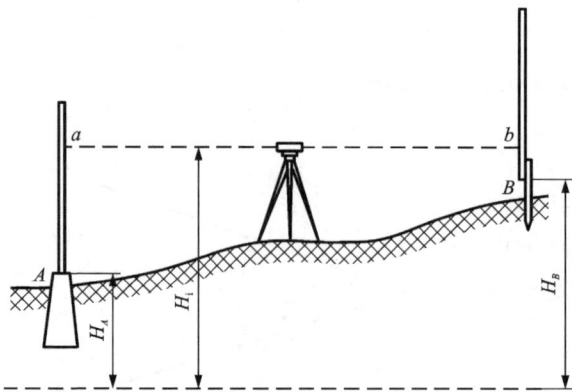

图 4-5　地面上测设已知高程

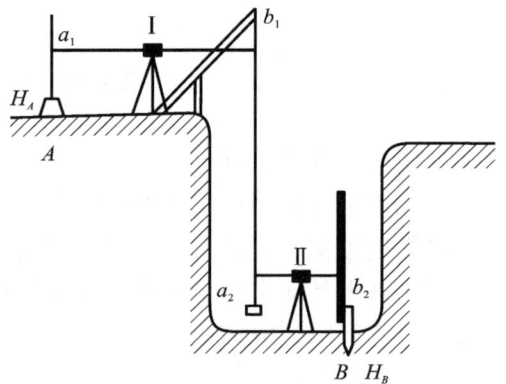

图 4-6　高程传递

4. 测设已知坡度直线

测设已知坡度线是根据设计坡度和坡度端点的设计高程，用水准测量的方法将坡度线上各点的设计高程标定在地面上。在交通线路工程、排水管道施工和敷设地下管线等项工作中经常涉及到该问题。

如图 4-7 所示，A、B 为地面上两点，要求沿 AB 测设一条倾斜线。设倾斜度为 i，AB 之间的距离为 L，A 点的高程为 H_A。为了测出倾斜线，首先应根据 A、B 之间的距离 L 及倾斜度 i 计算 B 点的高程 H_B。

$$H_B = H_A + i \times L$$

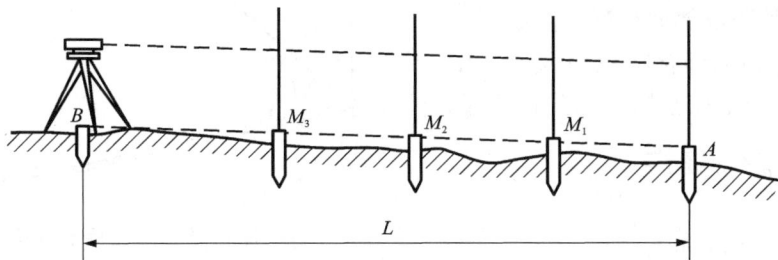

图 4-7　已知坡度线测设

然后按前述地面上点的高程测设方法，将算出的 H_B 值测定于 B 点。A、B 之间的 M_1、M_2、M_3 各点则可以用经纬仪或水准仪来测定。如果设计坡度比较平缓时，可以使用水准仪来设置倾斜线。方法是：将水准仪安置于 B 点，使一个脚螺旋在 BA 线上，另外两个脚螺旋之连线垂直于 BA 线，旋转在 BA 线上的那个脚螺旋，使立于 A 点的水准尺上的读数等于 B 点的仪器高，此后在 M_1、M_2、M_3 各点打入木桩，使立尺于各桩上时其尺上读数皆等于仪器高，这样就在地面上测出了一条倾斜线。对于坡度较大的倾斜线，则应采用经纬仪来测设。将仪器安置于 B，纵转望远镜，对准 A 点水准尺上等于仪器高的地方。其他步骤与水准仪的测法相同。

5. 测设点的平面位置

点的平面位置的测设方法有直角坐标法、极坐标法、角度交会法和距离交会法。至于采用哪种方法，应根据控制网的形式、地形情况、现场条件及精度要求等因素确定。

（1）直角坐标法

当建筑场地的施工控制网为方格网或轴线网形式时，采用直角坐标法放线最为方便。如图 4-8 所示，G_1、G_2、G_3、G_4 为方格网点，现在要在地面上测出一点 A。为此，沿 G_2-G_3 边量取 G_2A'，使 G_2A' 等于 A 与 G_2 横坐标之差 Δx，然后在 A' 设置经纬仪测设 G_2-G_3 边的垂线，在垂线上量取 $A'A$，使 $A'A$ 等于 A 与 G_2 纵坐标之差 Δy，则 A 点即为所求。从上述可见，用直角坐标法测定一已知点的位置时，只须要按其坐标差数量取距离和测设直角，用加减法计算即可，工作方便，并便于检查，测量精度亦较高。

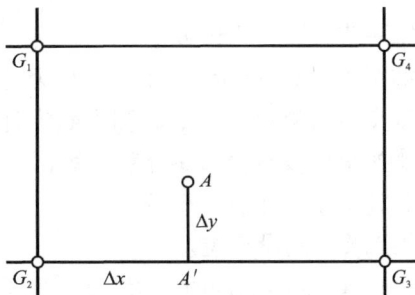

图 4-8　直角坐标放线图

（2）极坐标法

极坐标法是根据一个水平角和一段距离测设点的平面位置，适用于量距方便，且待测设点距离控制点较近的建筑施工场地。具体方法如下：

第一步：计算测设数据。

如图 4-9 所示，A、B 为已知平面控制点，其坐标值分别为 $A(x_A, y_A)$、$B(x_B, y_B)$，P 点为建筑物的一个角点，其坐标为 $P(x_P, y_P)$。现根据 A、B 两点，用极坐标法测设 P 点，其测设数据计算方法如下：

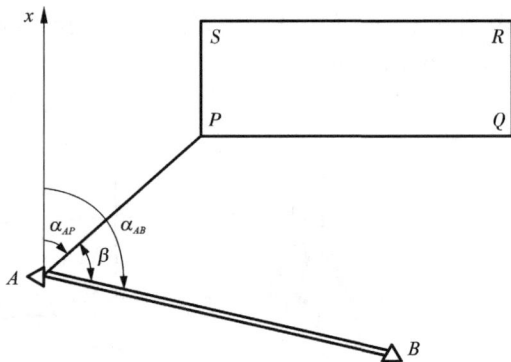

①计算 AB 边的坐标方位角 α_{AB} 和 AP 边的坐标方位角 α_{AP} 按坐标反算公式计算。

$$\alpha_{AB} = \arctan\frac{\Delta y_{AB}}{\Delta x_{AB}}$$

$$\alpha_{AP} = \arctan\frac{\Delta y_{AP}}{\Delta x_{AP}}$$

图 4-9　极坐标法放样

注意：每条边在计算时，应根据 Δx 和 Δy 的正负情况，判断该边所属象限。

计算 AP 与 AB 之间的夹角。

$$\beta = \alpha_{AB} - \alpha_{AP}$$

②计算 A、P 两点间的水平距离。

$$D_{AP} = \sqrt{(x_P - x_A)^2 + (y_P - Y_A)^2} = \sqrt{\Delta x_{AP}^2 + \Delta y_{AP}^2}$$

第二步：测设点位。

①在 A 点安置经纬仪，瞄准 B 点，按逆时针方向测设 β 角，定出 AP 方向。

②沿 AP 方向自 A 点测设水平距离 D_{AP}，定出 P 点，作出标志。

③用同样的方法测设 Q、R、S 点。全部测设完毕后，检查建筑物四角是否等于90°，各边长是否等于设计长度，其误差均应在限差以内。

在测设距离和角度时，可根据精度要求分别采用一般方法或精密方法。

（3）角度交会法

角度交会法适用于待测设点距控制点较远，且量距较困难的建筑施工场地。具体方法如下：

第一步：计算测设数据。

如图 4-10(a) 所示，A、B、C 为已知平面控制点，P 为待测设点，现根据 A、B、C 三点，用角度交会法测设 P 点，其测设数据计算方法如下：

①按坐标反算公式，分别计算出 α_{AB}、α_{AP}、α_{BP}、α_{CB} 和 α_{CP}。

②计算水平角 β_1、β_2 和 β_3。

第二步：测设点位。

①在 A、B 两点同时安置经纬仪，同时测设水平角 β_1 和 β_2 定出两条视线，在两条视线相交处钉下一个大木桩，并在木桩上依 AP、BP 绘出方向线及其交点。

②在控制点 C 上安置经纬仪，测设水平角 β_3，同样在木桩上依 CP 绘出方向线。

③如果交会没有误差，此方向应通过前两方向线的交点，否则将形成一个"示误三角形"，如图 4-10(b) 所示。若示误三角形边长在限差以内，则取示误三角形重心作为待测设点 P 的最终位置。

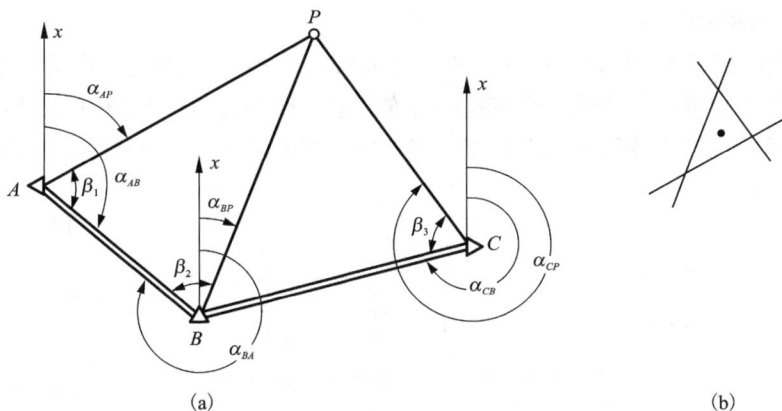

图 4 – 10　角度交会法

测设 β_1、β_2 和 β_3 时，视具体情况，可采用一般方法和精密方法。

（4）距离交会法

距离交会法是由两个控制点测设两段已知水平距离，交会定出点的平面位置。距离交会法适用于待测设点至控制点的距离不超过一尺段长，且地势平坦、量距方便的建筑施工场地。具体方法如下：

第一步：计算测设数据。

如图 4 – 11 所示，A、B 为已知平面控制点，P 为待测设点，现根据 A、B 两点，用距离交会法测设 P 点，其测设数据计算方法如下：

根据 A、B、P 三点的坐标值，分别计算出 D_{AP} 和 D_{BP}。

第二步：测设点位。

①将钢尺的零点对准 A 点，以 D_{AP} 为半径在地面上画一圆弧。

②再将钢尺的零点对准 B 点，以 D_{BP} 为半径在地面上再画一圆弧。两圆弧的交点即为 P 点的平面位置。

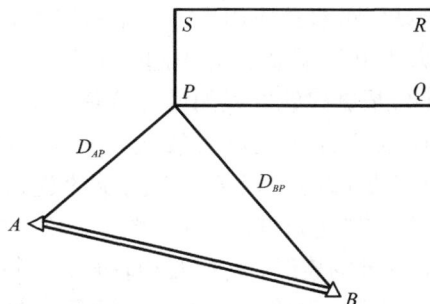

图 4 – 11　距离交会法

③用同样的方法，测设出 Q 的平面位置。

④丈量 P、Q 两点间的水平距离，与设计长度进行比较，其误差应在限差以内。

4.1.2　施工控制测量

施工测量必须遵循"从整体到局部，先控制后碎部"的原则。即先在施工现场建立统一的平面控制网和高程控制网，然后根据控制网测设建筑物和构筑物的位置。

一般测图控制网在位置、密度、精度上难以满足施工测量放线的要求，因此，在施工测量场地，重新建立施工控制网。施工控制网分为平面控制网和高程控制网。平面控制网可根据地形条件布设建筑基线和建筑方格网。高程控制网根据施工精度要求可采用四等水准或三等水准测量。

1. 布设建筑基线

（1）建筑基线的布设形式

当施工场地面积不大，且地势较平坦时，可布设成一条或几条基线作为平面测量的控制，称为"建筑基线"。建筑基线是根据建筑物的分布，施工现场的地形和原有控制点的情况，布设成二点"一"字形，三点"L"形，四点"T"形，五点"十"字形等形式，如图 4 − 12 所示。

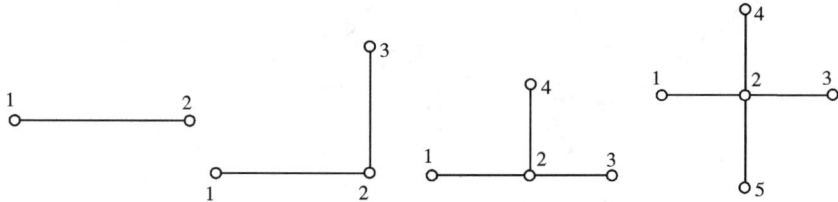

图 4 − 12 建筑基线的布设形式

为便于放线，建筑基线应平行或垂直于主要建筑物的轴线，且靠近主要的建筑物。建筑基线的相邻点应能互相通视，点位不受施工影响，其个数不少于三个，以便检测建筑基线点有无变动。

（2）根据已有控制点测定建筑基线

布设基线时，应先在图上选定基线点的位置，并确定各点的坐标，然后根据已有控制点的坐标，计算出放样数据。由控制点利用极坐标法或角度交会法将基线点在地面上标定出来（用全站仪可直接应用坐标测定基线点）。基线点测设出来后，应检测其精度，按要求角度误差不大于 10″，距离误差不超过 1/2000，否则应进行必要的调整。

（3）根据建筑红线测设建筑基线

在城镇各项建设要按统一的规划要求进行，由规划部门在现场直接测定的建筑用地的边界线，称"建筑红线"。如图 4 − 13 中的 Ⅰ −Ⅱ、Ⅱ −Ⅲ 的连线，它们互相垂直，一般与街道中心线平行。置镜于红线 Ⅱ 点沿 Ⅱ −Ⅲ 方向测设 d 距离，定出 C 点。沿 Ⅱ −Ⅰ 方向测设 d 距离，定出 E 点。分别置镜于 Ⅰ、Ⅲ 点测设 90° 及距离 d 定出 A、B 点。利用拉弦线方法定出 O 点。将基线点在地面上标定后，在 O 点安置经纬仪，检查 $\angle AOB$ 是否等于 90°，其差值一般不超过 ±10″，否则应进行必要的调整。

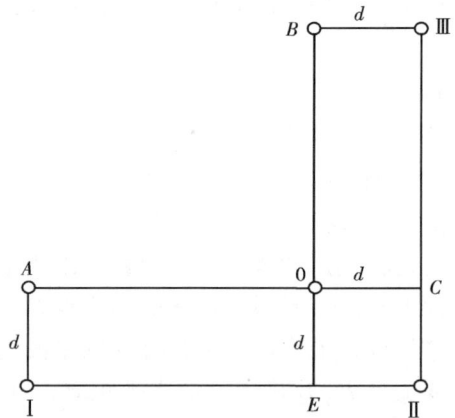

图 4 − 13 根据建筑红线测设建筑基线

2. 布设建筑方格网

对于地形较平坦的大、中型建筑施工场区，施工平面控制网多由正方形或矩形格网组成，称为建筑方格网。利用建筑方格网进行建筑物定位放线，具有计算测设数据简单、测设精度较高的特点。

（1）建筑方格网的布设形式

建筑方格网是在施工总平面图中，根据各建筑物、道路及各种管线的分布情况，施工组织设计并结合场地的地形，由施工测量人员布置。布置时，首先选定方格网的主轴线，因为建筑方格网的主轴线是扩展方格网的基础，选定是否合理将影响方格网的精度和使用。因此，主轴线应尽量选在建筑场地的中央，并与主要建筑物的基本轴线平行，其长度能控制整个建筑场地。

如图 4 - 14 中所示，AOB 和 COB 即为建筑方格网的主轴线，其定位点称为主点。为保证主轴线的定向精度，主点间距离最好不小于 300 ~ 400 m，主点应选在通视好便于测角量距，长期保存的地方。主轴线直线度的限差，应在 180° ± 5″，轴线交角的限差应在 90° ± 5″ 以内，主轴线确定以后，可进行方格网的布置，方格网的形式可布设成正方形或矩形。当建筑场地较大时，建筑方格网应分两级布设，首级可布设成"十"字形、"口"字形，或"田"字形。在首级方格网的基础上，加密次级方格网。方格网的折角应严格成 90° 的正方形格网，正方形格网边长多取 100 ~ 200 m。矩形格网边长为 100 ~ 300 m，尽可能为 50 m 或 50 m 的整倍数。若建筑场地不大，可布设成边长为 50 m 的正方形格网。

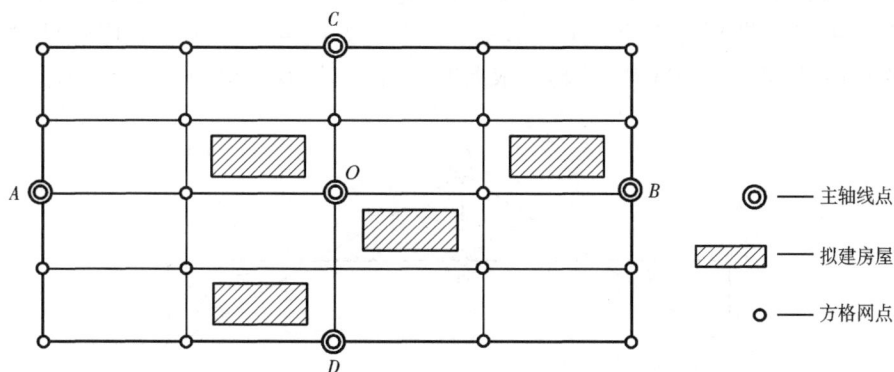

图 4 - 14　建筑方格网

（2）施工坐标系与测量坐标系的坐标换算

在建筑施工现场，为便于设计常采用一种独立坐标系统，称施工坐标系。这样建筑方格网的施工坐标系与原测量坐标系不一致，建筑场地需要利用原测量控制点进行测设，在测设之前，应将建筑方格网主点的施工坐标换成测量坐标。坐标换算的有关数据一般由设计单位给出，也可在设计总平面图上用图解法量取施工坐标系坐标原点在测量坐标系的坐标 x_0、y_0，及施工坐标系纵坐标轴与测量坐标系纵坐标轴的夹角 α，然后进行坐标换算。如图 4 - 15 所示，施工坐标系的纵轴通常用 A 表示，横轴用 B 表示。设 P 点的施工

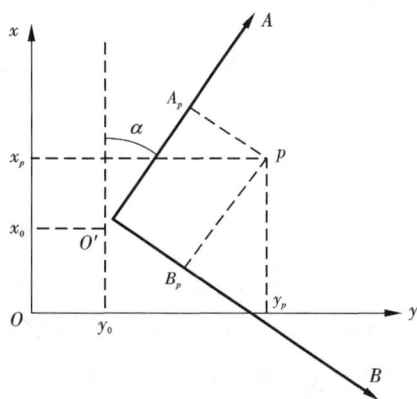

图 4 - 15　施工坐标系与测量坐标系的关系

坐标为 A_P、B_P，施工坐标系坐标原点在测量坐标系的坐为（x_0、y_0），则 P 点的测量坐标 x_P、y_P 按下式计算：

$$x_P = x_0 + A_P \cos\alpha - B_P \sin\alpha \qquad y_P = y_0 + A_P \sin\alpha + B_P \cos\alpha$$

（3）测设建筑方格网主轴线

建筑方格网主轴线的主轴线主点是通过已有控制点测设的。如图 4 - 16 中所示 1、2、3 是测量控制点，其坐标为已知。

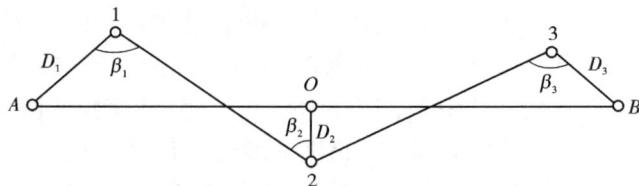

图 4 - 16　用控制点测设方格网主轴线

A、O、B 为主轴线的主点，先把其施工坐标换算成测量坐标，再根据控制点和主点的坐标反算出放样数据 β_1、β_2、β_3、D_1、D_2、D_3，然后分别在控制点上安置经纬仪，用极坐标法将 A、O、B 三个主点测设到地面上，定出 A'、O'、B'，如图 4 - 17 所示，用经纬仪精确测定 $\angle A'O'B'$ 的角值 β，若 β 与 $180°$ 之差超过限差时，则对 A'、O'、B' 的点进行调整。

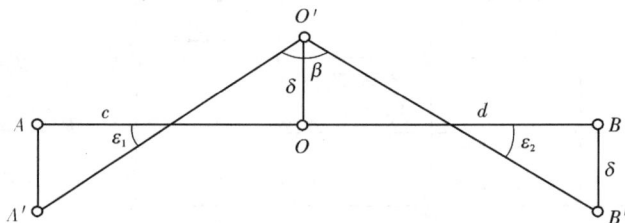

图 4 - 17　基线点调整

设调整量为 δ，则有：

$$\delta = \frac{c}{2} \times \frac{\varepsilon_1}{\rho''} \quad 和 \quad \delta = \frac{d}{2} \times \frac{\varepsilon_2}{\rho''} \quad 而 \quad \varepsilon_1 + \varepsilon_2 = 180° - \beta$$

故

$$\varepsilon_1 = \frac{2\delta}{c}\rho'' \quad \varepsilon_2 = \frac{2\delta}{d}\rho''$$

$$\delta = \frac{cd}{c+d}\left(90° - \frac{\beta}{2}\right)\frac{1}{\rho''}$$

式中：c 为 O 点到 A 点的距离；d 为 O 点到 B 点的距离；ρ'' 为 $206265''$。

然后将 A'、O'、B' 点沿垂直主轴线方向各移动 δ 值至 A、O、B 点，O' 点移动方向与 A'、B' 两点的移动方向相反，当 $\beta < 180°$ 时，O' 点向 β 角方向移，当 $\beta > 180°$ 时，O' 点向反方向移。再重复测量 $\angle AOB$，如果测得结果与 $180°$ 之差仍超限，则再调整。

A、O、B 三点调整好后，将经纬仪置于 O 点，瞄准 A 点，分别向左、右侧各测设 $90°$，并根据主点间的距离测设出另一条主轴线 COD，同样在实地标定出 C' 和 D' 点，如图 4 - 18 所示。再精确测出 $\angle AOC'$ 和 $\angle AOD'$，计算出它们与 $90°$ 的差值 ε_1、ε_2，然后按下列公式计算出改正数 l_1、l_2。

$$l_1 = d \times \frac{\varepsilon_1}{\rho''} \qquad l_2 = d \times \frac{\varepsilon_2}{\rho''}$$

式中：d 为 OC' 或 OD' 的距离。

分别从 C' 点和 D' 点沿 OC 和 OD 垂直方向移动改正数 l_1、l_2 定出 C、D。再检测 $\angle COD$，是否等于 $180°$，其误差应在允许范围之内。最后自 O 点起，沿直线 OA、OB、OC 和 OD 精确量取主轴线的距离，看其是否与设计长度相等，误差应在允许范围之内。否则，应调整 A、B、C、D 点的位置。

（4）测设建筑方格网点

主轴线测好后，进行方格网的测设，如图 4 – 19 所示，用两台经纬仪分别置于主轴线端点 A、C 点上，均以 O 点为零方向，分别向左向右测设出 $90°$ 角，按测设的方向交会出 1 点位置，同法测出方格网点 2、3、4 点，这样就交会出"田"字形方格网点。再以"田"字形方格网点为基础，加密方格网中其余各点。最后进行检核，置经纬仪于方格网点上，测量其角值是否为 $90°$，测量格网间的距离与设计边长是否相等，其误差均应在允许范围之内。

3. 布设建筑高程控制网

建筑场地的高程控制网就是在场区内建立可靠的水准点，形成与国家高程控制系统相联系的水准网。水准点的密度应尽可能满足安置一次仪器即可测设出所需的高程点，为此，还需增设水准点。一般在土质坚实、不受震动，便于长期使用的地方，埋设永久性标志。通常，建筑方格网点也可兼作水准点，只要在其桩面上中心点旁边设置一个半球状标志即可。一般情况下，水准点高程用四等水准测量的方法测定，对连续性生产的车间或下水管道等用三等水准测量的方法测定各水准点高程。此外，在每幢建筑物内部或附近应专门设置 ±0 水准点，其目的是为了方便测设和减少误差。

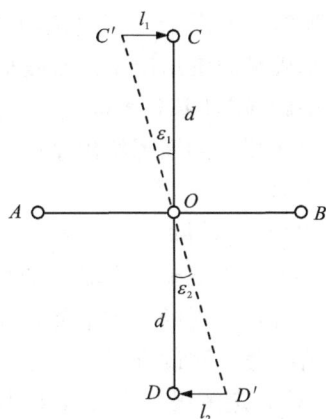

图 4 – 18 测设主轴线 COD

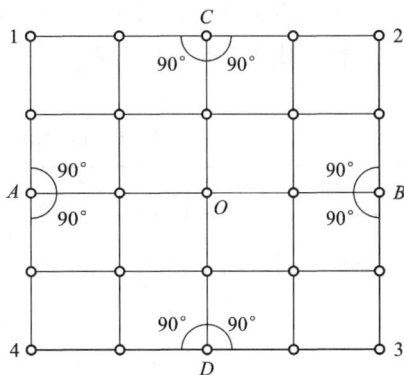

图 4 – 19 建筑方格网点

4.1.3 民用建筑施工测量

民用建筑是指供人们居住、生活和进行社会活动用的建筑物，如住宅、医院、办公楼和学校等。施工测量的任务是按设计要求，根据施工的进度，测设建筑物的平面位置和高程，以保证工程各部位按图施工。施工测量主要工作有：测设前的准备工作、建筑物定位、建筑物的放线、施工过程中的测量工作。

1. 测设前的准备工作

（1）熟悉图纸

设计图纸是施工测量的主要依据，在测设工作之前，应熟悉设计图纸，了解施工建筑物与原有的相邻建筑物的相互关系，以及建筑物的尺寸和施工要求等。熟悉与测量有关的图纸，包括：建筑总平面图、建筑平面图、基础平面图、剖面图、立面图和基础详图。

建筑平面图给出了建筑物各轴线间的尺寸关系及室内标高等。

基础平面图给出基础轴线间的尺寸关系和编号。

基础详图(基础大样图)给出基础的尺寸、形式以及边线与轴线间的尺寸关系。

立面图和剖面图给出基础、室内外地坪、门窗、楼板、屋面等的设计标高，是高程测设的主要依据。

（2）现场踏勘

为了解建筑施工现场上地物、地貌以及原有测量控制点的分布情况，应进行现场踏勘，并对建筑施工现场上的平面控制点和水准点进行检核，以便获得正确的测量数据，然后根据实际情况考虑测设方案。

（3）确定测设方案和准备测设数据

在熟悉设计图纸、掌握施工计划和施工进度的基础上，结合现场条件和实际情况，在满足工程测量规范(GB 50026—2007)的建筑物施工放样的主要技术要求(见表 4-1)的前提下，拟定测设方案。测设方案包括工程概况、测量参数、测量仪器与人员配备、测设方法与步骤、精度要求、时间安排等。

表 4-1 建筑物施工放样 、轴线投设和标高传递的允许偏差

项 目	内 容		允许偏差/mm
基础桩位放样	单排桩或群桩中的边桩		±10
	群 桩		±20
各施工层上放线	外廓主轴线长度 L/m	$L \leq 30$	±5
		$30 < L \leq 60$	±10
		$60 < L \leq 90$	±15
		$30 < L$	±20
	细部轴线		±2
	承重墙、梁、柱边线		±3
	非承重墙边线		±3
	门窗洞口线		±3
轴线竖向投测	每 层		3
	总高 H/m	$H \leq 30$	5
		$30 < H \leq 60$	10
		$60 < H \leq 90$	15
		$90 < H \leq 120$	20
		$120 < H \leq 150$	25
		$150 < H$	30

项　目	内　　　容		允许偏差/mm
标高竖向传递	每　层		±3
	总高 H/m	$H \leqslant 30$	±5
		$30 < H \leqslant 60$	±10
		$60 < H \leqslant 90$	±15
		$90 < H \leqslant 120$	±20
		$120 < H \leqslant 150$	±25
		$150 < H$	±30

在每次现场测设之前，应根据设计图纸和测量控制点的分布情况，准备好相应的测设数据并对数据进行检核，需要时还可绘出测设略图，把测设数据标注在略图上，使现场测设时更方便、快速，并减少出错的可能。

2. 建筑物的定位与放线

（1）建筑物的定位

建筑物的定位就是根据设计条件将建筑物四周外廓主要轴线的交点测设到地面上，作为基础放线和细部轴线放线的依据。由于设计条件和现场条件不同，建筑物的定位方法也有所不同，以下为三种常见的定位方法。

1）根据控制点定位

如果待定位建筑物的定位点设计坐标已知，且附近有高级控制点可供利用，可根据实际情况选用极坐标法、角度交会法或距离交会法来测设定位点。在这三种方法中，极坐标法是用得最多的一种定位方法。

2）根据建筑方格网和建筑基线定位

如果待定位建筑物的定位点设计坐标已知，并且建筑场地已设有建筑方格网或建筑基线，可利用直角坐标法测设定位点。

3）根据与原有建筑物和道路的关系定位

如果设计图上只给出新建筑物与附近原有建筑物或道路的相互关系，而没有提供建筑物定位点的坐标，周围又没有测量控制点、建筑方格网和建筑基线可供利用，可根据原有建筑物的边线或道路中心线将新建筑物的定位点测设出来。

具体测设方法随实际情况的不同而不同，但基本过程是一致的，下面分两种情况说明具体测设的方法：

1）根据与原有建筑物的关系定位

如图 4 – 20 所示，拟建建筑物的外墙边线与原有建筑物的外墙边线在同一条直线上，两栋建筑物的间距为 10 m，拟建建筑物四周长轴为 40 m，短轴为 18 m，轴线与外墙边线间距为 0.12 m，可按下述方法测设其四个轴线的交点：

第一步：沿原有建筑物的两侧外墙拉线，用钢尺顺线从墙角往外量一段较短的距离（这里设为 2 m），在地面上定出 T_1 和 T_2 两个点，T_1 和 T_2 的连线即为原有建筑物的平行线。

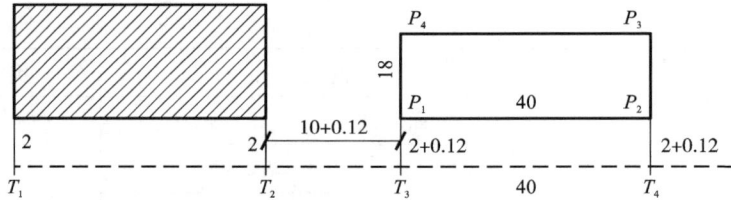

图 4 - 20　根据与原有建筑物的关系定位

第二步：在 T_1 点安置经纬仪，照准 T_2 点，用钢尺从 T_2 点沿视线方向量取 10 m + 0.12 m，在地面上定出 T_3 点，再从 T_3 点沿视线方向量取 40 m，在地面上定出 T_4 点，T_3 和 T_4 的连线即为拟建建筑物的平行线，其长度等于长轴尺寸。

第三步：在 T_3 点安置经纬仪，照准 T_4 点，逆时针测设90°，在视线方向上量取 2 m + 0.12 m，在地面上定出 P_1 点，再从 P_1 点沿视线方向量取 18 m，在地面上定出 P_4 点。同理，在 T_4 点安置经纬仪，照准 T_3 点，顺时针测设90°，在视线方向上量取 2 m + 0.12 m，在地面上定出 P_2 点，再从 P_2 点沿视线方向量取 18 m，在地面上定出 P_3 点。则 P_1，P_2，P_3 和 P_4 点即为拟建建筑物的四个定位轴线点。

第四步：在 P_1，P_2，P_3 和 P_4 点上安置经纬仪，检核四个大角是否为90°，用钢尺丈量四条轴线的长度，检核长轴是否为 40 m，短轴是否为 18 m。

2）根据与原有道路的关系定位

如图 4 - 21 所示，拟建建筑物的轴线与道路中心线平行，轴线与道路中心线的距离见图，测设方法如下：

第一步：在每条道路上选两个合适的位置，分别用钢尺测量该处道路的宽度，并找出道路中心点 C_1，C_2，C_3 和 C_4。

第二步：分别在 C_1，C_2 两个中心点上安置经纬仪，测设90°，用钢尺测设水平距离 12 m，在地面上得到道路中心线

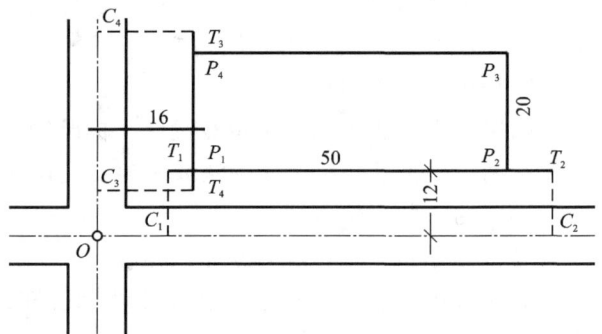

图 4 - 21　根据与原有道路的关系定位

的平行线 T_1T_2，同理做出 C_3 和 C_4 的平行线 T_3T_4。

第三步：用经纬仪向内延长或向外延长这两条线，其交点即为拟建建筑物的第一个定位点 P_1，再从 P_1 沿长轴方向量取 50 m 做 T_3T_4 的平行线，得到第二个定位点 P_2。

第四步：分别在 P_1 和 P_2 点安置经纬仪，测设直角和水平距离 20 m，在地面上定出点 P_3 和 P_4。在 P_1，P_2，P_3 和 P_4 点上安置经纬仪，检核角度是否为90°，用钢尺丈量四条轴线的长度，检核长轴是否为 50 m，短轴是否为 20 m。

（2）建筑物的放线

建筑物的放线是根据已定位的建筑物主轴线的交点桩（角桩），详细测设建筑物其他各轴线交点的位置，并用木桩（桩顶钉小钉）标志出来，叫做"中心桩"。然后以细部轴线为依据，按基础宽度和放坡要求用白灰撒出基础开挖边线。放样方法如下。

1）测设细部轴线交点

如图4-22所示，A轴，E轴，①轴和⑦轴是四条建筑物的外墙主轴线，其轴线交点A_1，A_7，E_1和E_7是建筑物的定位点，这些定位点已在地面上测设完毕，各主次轴线间隔如图10-8所示，现欲测设次要轴线与主轴线的交点。

在A_1点安置经纬仪，照准A_7点，把钢尺的零端对准A_1点，沿视线方向拉钢尺，在钢尺上读数等于①轴和②轴间距（4.2 m）的地方打下木桩，打的过程中

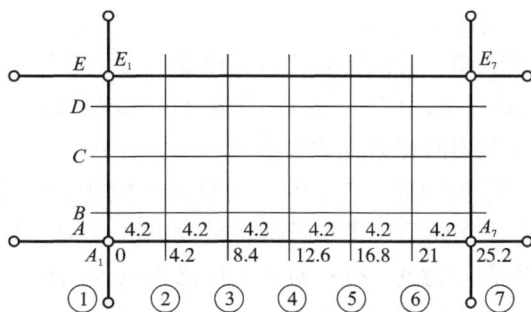

图4-22　测设细部轴线交点

要经常用仪器检查桩顶是否偏离视线方向，钢尺读数是否还在桩顶上，如有偏移要及时调整。打好桩后，用经纬仪视线指挥在桩顶上画一条纵线，再拉好钢尺，在读数等于轴间距处画一条横线，两线交点即A轴与②轴的交点A_2。

在测设A轴与③轴的交点A_3时，方法同上，注意仍然要将钢尺的零端对准A_1点，并沿视线方向拉钢尺，而钢尺读数应为①轴和③轴间距（8.4 m），这种做法可以减小钢尺对点误差，避免轴线总长度增长或减短。如此依次测设A轴与其他有关轴线的交点。测设完最后一个交点后，用钢尺检查各相邻轴线桩的间距是否等于设计值，误差应小于1/3000。

2）引测轴线

测设完A轴上的轴线点后，用同样的方法测设E轴，1轴和7轴上的轴线点。由于在施工开槽时角桩和中心桩要被挖掉，因此，在开槽之前要把建筑物各轴线延长引测到基槽外的安全地点，并设置标志。以后利用这些标志可以随时恢复建筑物的轴线。引测轴线桩的方法有两种：一是设置龙门板，二是设置控制桩。

方法1：设置龙门板

在一般民用建筑中为便于施工，常在基槽开挖之前将各轴线引测至槽外的水平木板上，作为挖槽后各阶段恢复轴线的依据。如图4-23，钉设龙门板的步骤如下：

第一步，在建筑物四角与隔墙两端基槽外1.5～2.0 m（根据土质和挖槽深而定）的地方钉设龙门桩。桩要竖直、牢固，桩的侧面与基槽平行。

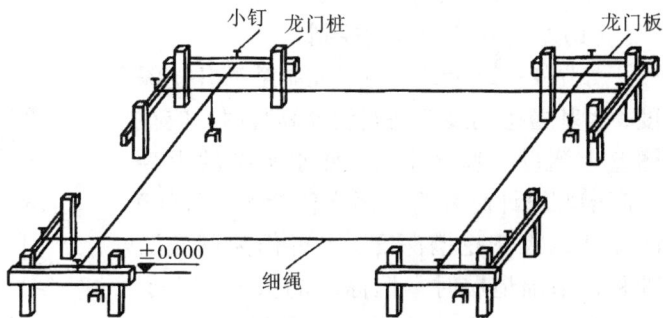

图4-23　设置龙门板

第二步，根据水准点高程，用水准仪在每个龙门桩上测设出室内地坪设计高程线即±0标高线，用红油漆画一横线作标志。若现场条件不许可，可测设比±0高或低整分米数的标高线。同一建筑物最好只选用一个标高，如地形起伏较大选用两个标高时，一定要标注清楚，以免使用时发生错误。

第三步，根据龙门桩上测设的±0标高线钉设龙门板，使龙门板顶面标高都在±0的水平面上。

第四步，把经纬仪置于角桩、中心桩上，将各轴线引测到龙门板顶面上，并钉小钉标明，称中心钉。

第五步，用钢尺沿龙门板顶面检查中心钉的间距是否正确，其误差不应超过 1/2000。检查合格后，以中心钉为准，将墙宽、基槽宽标在龙门板上，最后根据基槽上口宽度拉上小线，用石灰撒出基槽开挖边线。

龙门板的优点是：标志明显方便使用，能控制 ±0 以下各层的标高和槽宽、基础宽、墙宽，并使放线工作集中进行。最大的缺点：需要较多木材且占场地，使用机械挖槽时龙门板不易保存。为此，有些施工单位已不设龙门板，而设控制桩。

方法 2：设置控制桩

控制桩又叫引桩，一般钉在槽边外 2～4 m，不受施工干扰并便于引测和保存桩位的地方。如附近有建筑物，也可以把轴线引测到建筑物上，用红油漆作上标志，作为控制桩，为保证控制桩的精度，在大型建筑物的放线中，控制桩与中心桩一起测设。在多层或高层建筑中，为了便于向上层投测轴线，应在较远的地方或平移至楼的内侧测设控制桩。

3）撒开挖边线

如图 4-24 所示，先按基础剖面图给出的设计尺寸计算基槽的开挖宽度 $2d$。$d = B + mh$ 式中，B 为基底宽度，可由基础剖面图中查取，h 为基槽深度，m 为边坡坡度的分母。根据计算结果，在地面上以轴线为中线往两边各量出 d，拉线并撒上白灰，即为开挖边线。

如果是基坑开挖，则只需按最外围墙体基础的宽度、深度及放坡确定开挖边线。

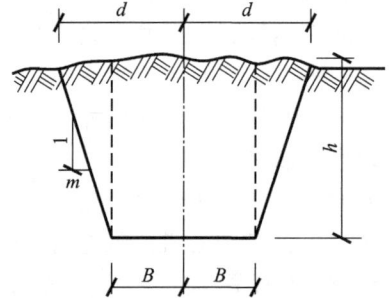

图 4-24　开挖边线

3. 基础施工测量

（1）基槽开挖的深度控制

如图 4-25 所示，为了控制基槽开挖深度，当基槽挖到接近槽底设计高程时，应在槽壁上测设一些水平桩，使水平桩的上表面离槽底设计高程为一固定值（例如 0.500 m），用以控制挖槽深度，也可作为槽底清理和打基础垫层时掌握标高的依据。为了施工时使用方便，一般在基槽各拐角处、深度变化处和基槽壁上每隔 3～4 m 左右测设

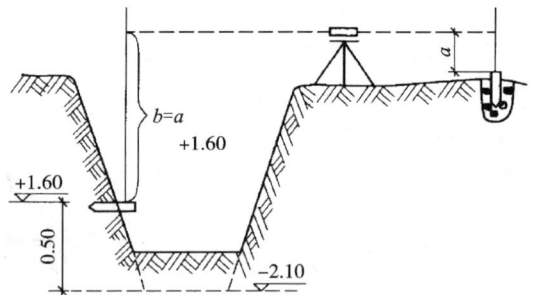

图 4-25　基槽水平桩测设

一个水平桩，然后拉上白线，线下 0.50 m 即为槽底设计高程。水平桩上的高程误差应在 ±10 mm 以内。

例如，设龙门板顶面标高为 ±0.000，槽底设计标高为 -2.1 m，水平桩高于槽底 0.500 m，即水平桩高程为 -1.6 m，用水准仪后视龙门板顶面上的水准尺，读数 $a = 1.286$ m，则水平桩上标尺的应有读数为：$1.286 + 2.100 - 0.500 = 2.886$（m）。测设时沿槽壁上下移动水准尺，当读数为 2.886 m 时沿尺底水平地将桩打进槽壁，然后检核该桩的标高，如超限便进行调整，直至误差在规定范围以内。

垫层面标高的测设可以水平桩为依据在槽壁上弹线，也可在槽底打入垂直桩，使桩顶标高等于垫层面的标高。如果垫层需安装模板，可以直接在模板上弹出垫层面的标高线。

（2）基槽底口和垫层轴线投测

如图 4 – 26 所示，基槽挖至规定标高并清底后，将经纬仪安置在轴线控制桩上，瞄准轴线另一端的控制桩，即可把轴线投测到槽底，作为确定槽底边线的基准线。垫层打好后，用经纬仪或用拉绳挂垂球的方法把轴线投测到垫层上，并用墨线弹出墙中心线和基础边线，以便砌筑基础或安装基础模板。由于整个墙身砌筑均以此线为准，这是确定建筑物位置的关键环节，所以要严格校核后方可进行砌筑施工。

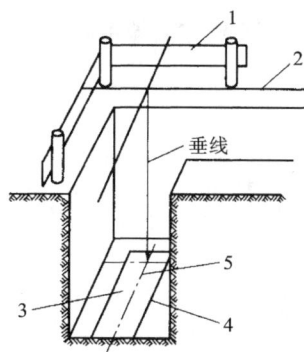

图 4 – 26　基槽底口和垫层轴线投测
1—龙门板；2—细线；3—垫层；
4—基础边线；5—墙中线

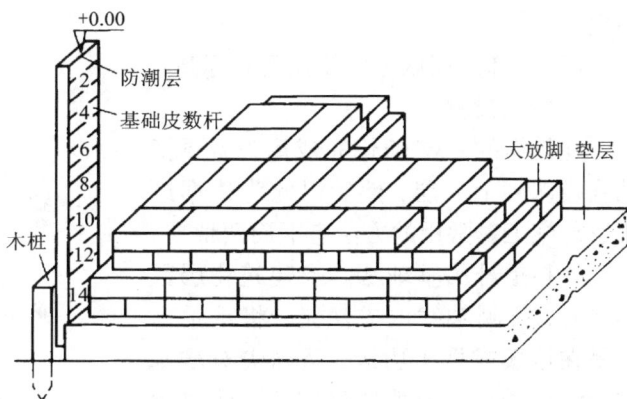

图 4 – 27　基础皮数杆

（3）基础标高的控制

如图 4 – 27 所示，基础墙（±0.000 以下的砖墙）的标高一般 是用基础皮数杆来控制的，基础皮数杆用一根木杆做成，在杆上注明 ±0.000 的位置，按照设计尺寸将砖和灰缝的厚度分皮从上往下一一画出来，此外还应注明防潮层和预留洞口的标高位置。

立皮数杆时，可先在立杆处打一个木桩，用水准仪在木桩侧面测设一条高于垫层设计标高某一数值（如 10 cm）的水平线，然后将皮数杆上标高相同的一条线与木桩上的水平线对齐，并用大铁钉把皮数杆和木桩钉在一起，作为砌筑基础墙的标高依据。对于采用钢筋混凝土的基础，可用水准仪将设计标高测设于模板上。

基础施工结束后，应检查基础面的标高是否满足设计要求（也可以检查防潮层）。可用水准仪测出基础面上的若干高程，和设计高程相比较，允许误差为 ±10 mm。

4. 墙体施工测量

（1）投测墙身

在基础施工时，由于土方及材料的堆放、搬运等原因，有可能碰动龙门板或控制桩，使其产生位移，所以，基础施工结束后，应对其进行认真检查复核。无误后，可利用龙门板或控制桩将轴线投测到基础或防潮层的侧面。如图 4 – 28 所示，轴线位置在上部砌体确定以后，就可以此进行墙体的砌筑同时也代替了控制桩的作用，作为向上投测轴线的依据。

（2）设置墙身皮数杆

如图 4 – 29 所示，皮数杆是砌墙时掌握墙身各部位标高和砖行水平的主要依据。它根据建筑物的剖面图画有每皮砖和灰缝的厚度，同时注明窗口、过梁、圈梁、楼板等位置和尺寸大小。皮数杆一般立在建筑物拐角和隔墙处。立皮数杆时，先在地面上打一木桩，用水准仪测出 ±0 标高位置，然后，把皮数杆上的 ±0 线与木桩上 ±0 对齐、钉牢。为方便施工，采用里脚手架时，皮数杆立在墙外边，采用外脚手架时，皮数杆应立在墙里边。皮数杆钉好后，要用水准仪进行检测，并用垂球来校正皮数杆的竖直。另外框架或钢筋混凝土柱间砌砖时，每层皮数杆可直接画在构件上，而不立皮数杆。

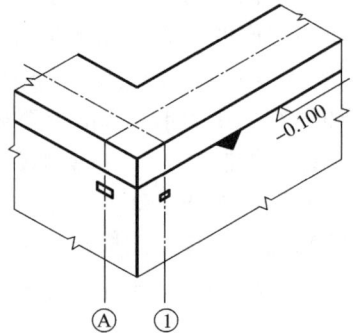

图 4-28　墙体定位

（3）传递二层以上轴线投测和标高

1）轴线投测

建筑物的一层砌筑完成后，需要把轴线投测到上一层，然后以此为依据继续进行施工。常用的方法有下面两种。

一种是悬吊垂球法。当建筑物层数不多时，投测轴线的方法是：将重垂球悬吊在楼板或柱子边缘，垂球尖对准基础上定位轴线，当垂球稳定后，此时垂球线在楼板或柱子边缘的位置，即是上一层轴线位置，画一短线作为标记。同法测设其他轴线位置，相应标记的连线即为定位轴线，并在楼面上弹出墨线，用钢尺检查各轴线的间距，其相对误差不得大于 1/3000，符合要求后，即可据

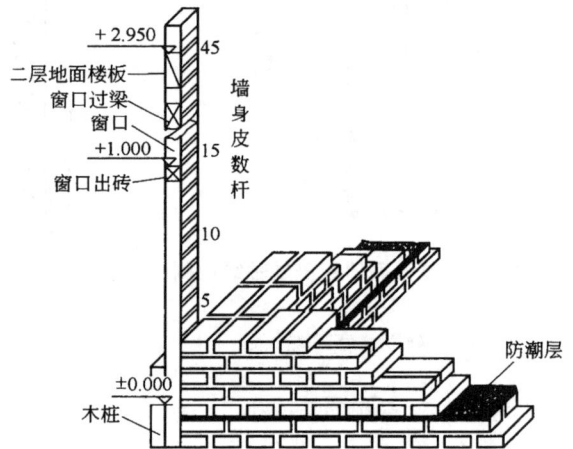

图 4-29　墙身皮数杆的设置

此施工。依次将轴线逐层自下向上传递，为保证建筑物的总竖直度，每层楼面的轴线均应直接由底层向上投测。悬吊垂球法即简便易行，又能保证施工质量。缺点是，如果风大或建筑物较高时，常因垂球摆动，不易准确确定建筑物轴线位置。

另一种是经纬仪投测法。经纬仪投测，如图 4-30 所示，经纬仪安置在中心轴线控制桩 A_1、A_1'、B_1、B_1' 上，严格对中整平，用望远镜照准底层的轴线标志 a_1、a_1'、b_1、b_1' 用正、倒镜向上投测到楼板上，并取其正、倒镜的平均位置作为该中心轴线的投测点 a_2、a_2'、b_2、b_2'，相应投测点的连线，即为该层的中心轴线。根据中心轴线在楼板上用钢尺进行放样，用平行推移法测设其他轴线位置。

如果轴线控制桩距建筑物较近，随着楼房逐渐增高，投测轴线时，望远镜仰角过大，不但不便于操作，投测精度也有所下降。因此，有条件时，应将轴线控制桩引测到更远的地方或引测到高楼顶上。

2）标高传递

在多层建筑物施工中，需要由下层楼板向上层传递标高，可采用钢尺直接丈量的方法，即用钢尺沿某一墙角自 ±0 起向上直接丈量，把标高传递上去。此外，还可采用吊钢尺法，

138

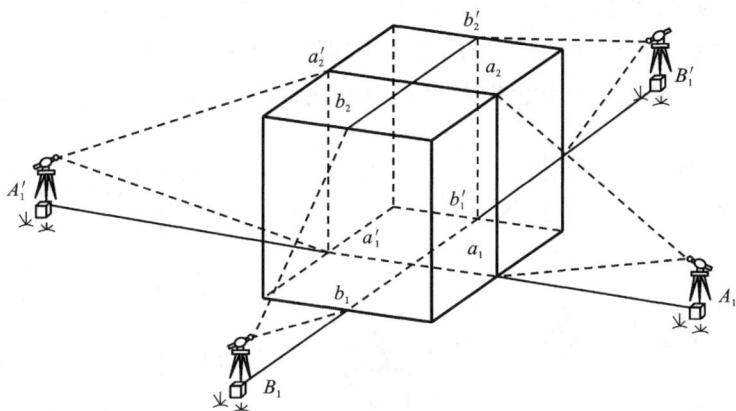

图 4-30　经纬仪投测法

在楼梯间吊上钢尺,用水准仪读取钢尺读数,把下层标高传到上层。标高传递的方法较多,应根据工程性质、精度要求等,因地制宜地加以选择。

5. 高程建筑施工测量

高层建筑物施工测量中的主要问题是控制垂直度,就是将建筑物的基础轴线准确地向高层引测,并保证各层相应轴线位于同一竖直面内,控制竖向偏差,使轴线向上投测的偏差值不超限。

轴线向上投测时,要求竖向误差在本层内不超过 5 mm,全楼累计误差值不应超过 $2H/10000$(H 为建筑物总高度),且不应大于:30 m < H ≤ 60 m 时,10 mm;60 m < H ≤ 90 m 时,15 mm;H > 90 m 时,20 mm。

高层建筑物轴线的竖向投测,主要有外控法和内控法两种,下面分别介绍这两种方法。

(1)外控法

外控法是在建筑物外部,利用经纬仪,根据建筑物轴线控制桩来进行轴线的竖向投测,亦称作"经纬仪引桩投测法"。具体操作方法如下:

1)在建筑物底部投测中心轴线位置

高层建筑的基础工程完工后,将经纬仪安置在轴线控制桩 A_1、A_1'、B_1 和 B_1' 上,把建筑物主轴线精确地投测到建筑物的底部,并设立标志,如图 4-30 中的 a_1、a_1'、b_1 和 b_1',以供下一步施工与向上投测之用。

2)向上投测中心线

随着建筑物不断升高,要逐层将轴线向上传递,如图 4-30 所示,将经纬仪安置在中心轴线控制桩 A_1、A_1'、B_1 和 B_1' 上,严格整平仪器,用望远镜瞄准建筑物底部已标出的轴线 a_1、a_1'、b_1 和 b_1' 点,用盘左和盘右分别向上投测到每层楼板上,并取其中点作为该层中心轴线的投影点,如图 4-30 中的 a_2、a_2'、b_2 和 b_2'。

3)增设轴线引桩

当楼房逐渐增高,而轴线控制桩距建筑物又较近时,望远镜的仰角较大,操作不便,投测精度也会降低。为此,要将原中心轴线控制桩引测到更远的安全地方,或者附近大楼的屋面。

具体作法是:

将经纬仪安置在已经投测上去的较高层(如第十层)楼面轴线 $a_{10}a_{10}'$ 上,如图 4-31 所示,瞄准地面上原有的轴线控制桩 A_1 和 A_1' 点,用盘左、盘右分中投点法,将轴线延长到远处 A_2 和 A_2' 点,并用标志固定其位置,A_2、A_2' 即为新投测的 A_1A_1' 轴控制桩。

更高各层的中心轴线,可将经纬仪安置在新的引桩上,按上述方法继续进行投测。

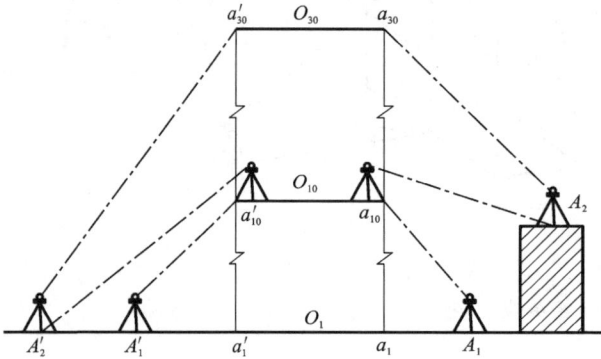

图 4 – 31　经纬仪引桩投测

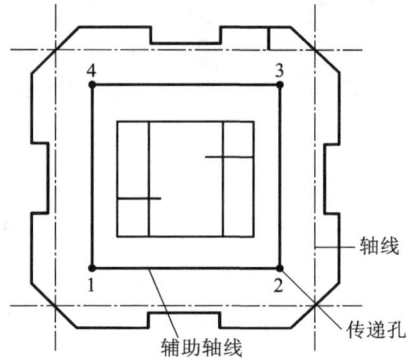

图 4 – 32　内控法轴线控制点的设置

（2）内控法

内控法是在建筑物内 ±0 平面设置轴线控制点,并预埋标志,以后在各层楼板相应位置上预留 200 mm × 200 mm 的传递孔,在轴线控制点上直接采用吊线坠法或激光铅垂仪法,通过预留孔将其点位垂直投测到任一楼层。

1）内控法轴线控制点的设置

在基础施工完毕后,在 ±0 首层平面上,适当位置设置与轴线平行的辅助轴线。辅助轴线距轴线 500 ~ 800 mm 为宜,并在辅助轴线交点或端点处埋设标志。如图 4 – 32 所示。

2）吊线坠法

吊线坠法是利用钢丝悬挂重垂球的方法,进行轴线竖向投测。这种方法一般用于高度在 50 ~ 100 m 的高层建筑施工中,垂球的重量约为 10 ~ 20 kg,钢丝的直径约为 0.5 ~ 0.8 mm。投测方法如下:

如图 4 – 33 所示,在预留孔上面安置十字架,挂上垂球,对准首层预埋标志。当垂球线静止时,固定十字架,并在预留孔四周作出标记,作为以后恢复轴线及放样的依据。此时,十字架中心即为轴线控制点在该楼面上的投测点。

用吊线坠法实测时,要采取一些必要措施,如用铅直的塑料管套着坠线或将垂球沉浸于油中,以减少摆动。

3）激光铅垂仪法

激光铅垂仪进行轴线投测的投测方法如下:

首先,在首层轴线控制点上安置激光铅垂仪,利用激

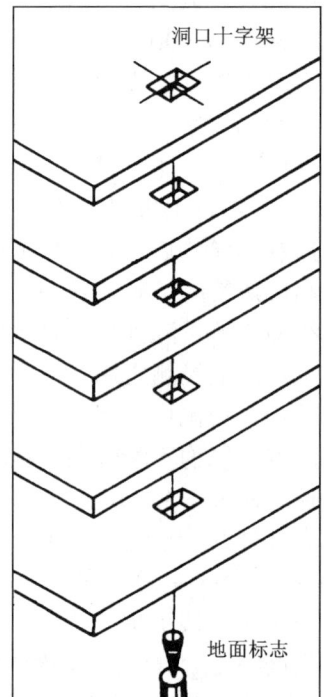

图 4 – 33　吊线坠法投测轴线

光器底端(全反射棱镜端)所发射的激光束进行对中,通过调节基座整平螺旋,使管水准器气泡严格居中。

然后,在上层施工楼面预留孔处,放置接受靶。

再次,接通激光电源,启辉激光器发射铅直激光束,通过发射望远镜调焦,使激光束会聚成红色耀目光斑,投射到接受靶上。

最后,移动接受靶,使靶心与红色光斑重合,固定接受靶,并在预留孔四周作出标记,此时,靶心位置即为轴线控制点在该楼面上的投测点。

技能训练 4 – 1　建筑物定位与放线

目的:主要用来检验学生是否掌握测量仪器的操作以及测量数据的计算,是否能对建筑物进行准确的施工定位放线。

要求:能正确制定施工定位、放线方案,能熟练地操作测量仪器,能对测量数据进行计算和分析,规范填写测量表格。

任务:依据附图的 1# 住宅楼建筑总平面图、一层平面图、施工区控制点进行建筑物定位、放线并完成相关表格的记录。(建筑总平面图、一层平面图、施工区控制点坐标、相关表格附后,施工定位放线仅要求放出外墙轴线 1、31、A、M 的交点,并测设 ±0.00 位置,标注在角桩上)

注意:本训练所采用训练任务为《湖南省高等职业院校学生专业技能抽查标准(建筑工程技术专业)》工程测量考题,各使用学校在具体操作时,可以结合本校场地情况及所使用的施工图进行调整。

仪器与工具准备:

(1)仪器:全站仪、棱镜、对中杆、水准仪、水准尺、三脚架。

(2)工具:50 m 钢尺、5 m 钢卷尺、锤子、木桩若干、龙门板若干、钉子若干。

训练参考图纸(见附图:1# 住宅楼)与条件:

施工区控制点坐标表

点号	坐标/m		高程/m	备注
	X/m	Y/m		
N1	3078793.7444	543687.1834	59.01	
N2	3078759.6000	543687.5517	58.27	
N3	3078733.5044	543684.9487		高程为 1985 年国家高程基准
N4	3078734.7237	543631.0113		
N5	3078792.5480	543625.8239		坐标系统采用湘潭市独立坐标系
N6				
N7				
N8				

建 筑			暖 通		
结 构					
电 气					
给排水					

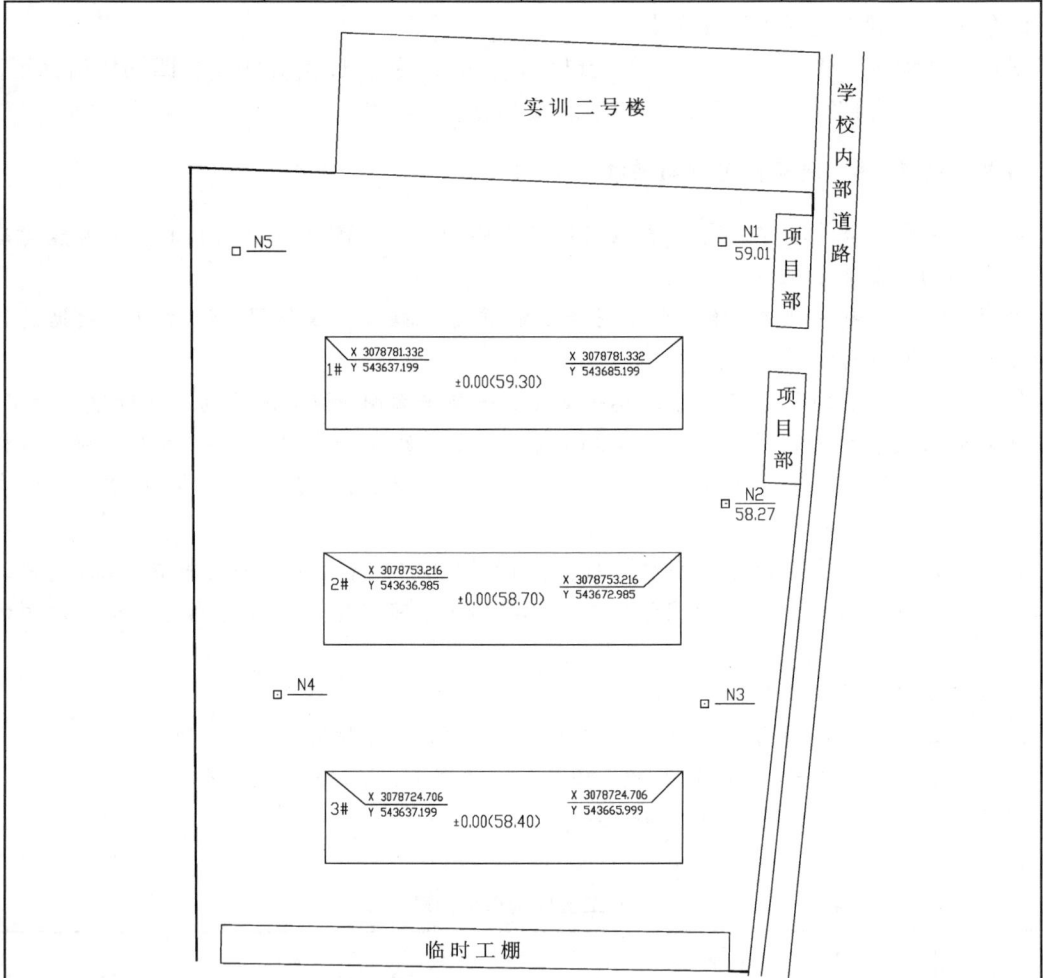

实训二号楼

学校内部道路

□ N5

□ N1
59.01

项目部

项目部

X 3078781.332
Y 543637.199
1# ±0.00(59.30)　　X 3078781.332
Y 543685.199

□ N2
58.27

X 3078753.216
Y 543636.985
2# ±0.00(58.70)　　X 3078753.216
Y 543672.985

□ N4

□ N3

X 3078724.706
Y 543637.199
3# ±0.00(58.40)　　X 3078724.706
Y 543665.999

临 时 工 棚

总平面图 1:500

建设单位					
		工程名称		住宅楼	
院　长		审　核	图纸内容	设计号	
总　工		校　核		图　别	建　施
审　订		设　计	一层平面图	编　号	
项目负责		制　图		日　期	

142

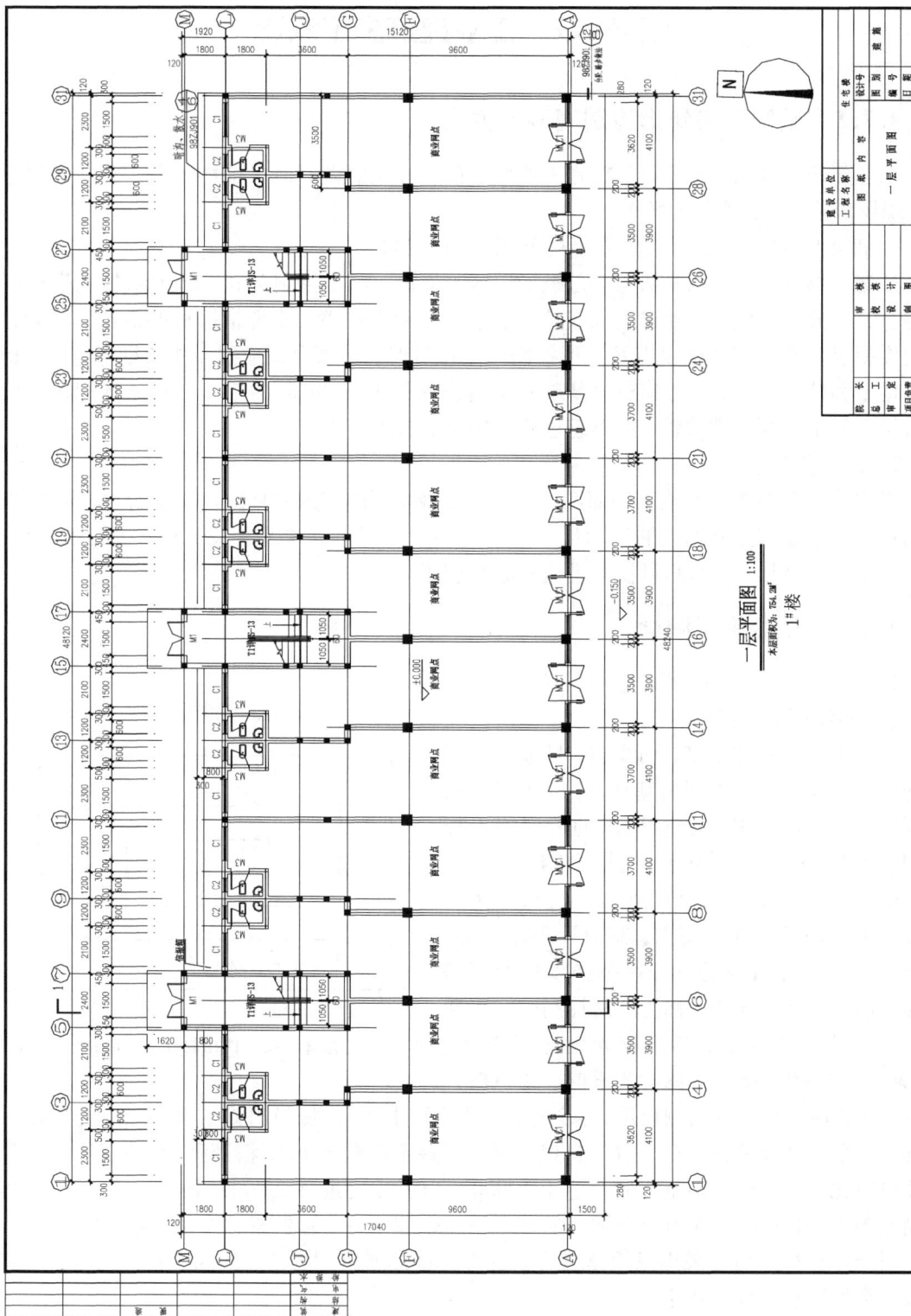

一层平面图 1:100
本层建筑积为 754.3m²
1#楼

附图　1#住宅楼

任务4.2 工业建筑施工测量

4.2.1 编制厂房矩形控制网测设方案

工业建筑同民用建筑一样,在施工测量之前,首先要做好测设前的准备工作,如熟悉图纸、现场踏勘、编制测量方案等。

1. 制定厂房矩形控制网放样方案及计算放样数据

厂房矩形控制网的放样方案,是根据厂区平面图、厂区控制网和现场地形情况等资料制定的。其主要内容包括:确定主轴线位置、矩形控制网位置、距离指标桩的点位、测设方法和精度要求。在确定主轴线点及矩形控制网的位置时,必须保证控制点能长期保存,因此要避开地上和地下管线,并与建筑物基础开挖边线保持1.5~4 m的距离。距离指标桩的间距一般等于柱子间距的整数倍,但不超过所用钢尺的长度。

2. 绘制放样略图

根据设计总平面图和施工平面图,按一定比例绘制施工放样略图。图上标注厂房矩形控制网点相对于建筑方格网点的平面尺寸。认真核对控制点点位及有关数据,进行现场踏勘,拟定施工放样计划,并对测量仪器进行检验与校正。

4.2.2 厂房施工测量

1. 测设厂房控制网、柱列轴线

(1)测设厂房控制网

考虑工业厂房柱子多、轴线多,且施工精度高的特点。在建筑方格网的基础上,对每幢厂房还要建立满足厂房特殊精度要求的厂房矩形控制网,作为厂房施工的基本控制。图4-34中,Ⅰ、Ⅱ、Ⅲ、Ⅳ为建筑方格网点,a、b、c、d为厂房最外边的四条轴线的交点,其设计坐标已知。A、B、C、D为布置在基坑开挖范围以外的厂房矩形控制网的四个角点,称为厂房控制桩。可通过厂房最外边轴线交点的坐标和设计间距d_1、d_2,求出厂房控制点的坐标。测设时,先根据方

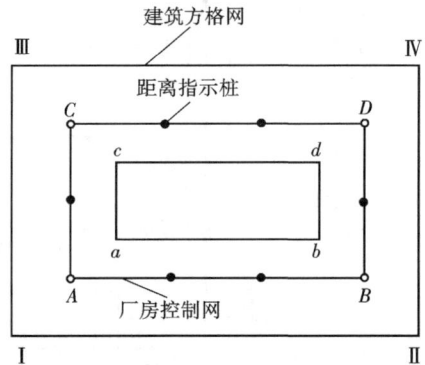

图4-34 厂房控制网的测设

格网Ⅰ、Ⅱ用直角坐标法测设出A、B两点,然后再由A、B测设出C点和D点,分别用大木桩标定。最后还要实测$\angle C$、$\angle D$与90°比较,误差不应超过10″,精密测量CD边长,与设计长度进行比较,其相对误差不应超过1/10000。为了方便进行细部的测设,在进行厂房矩形控制网测设的同时,还应沿控制网每隔若干柱间距埋设一个控制桩,称为距离指标桩。

对于小型厂房也可采用民用建筑的测设方法直接测出厂房轴线的四个角点,然后再将轴线投射到控制桩或龙门板上。

对于大型或设备基础复杂的厂房,则应精确测设厂房控制网的主轴线,主轴线一般选在与厂房的柱列轴线相重合,以方便后面的细部放样。如图4-35所示,为大型厂房的矩形控

制网，主轴线 *MON* 和 *POQ* 分别选在厂房中间部位的柱轴线 *B* 轴和 8 轴上，*A*、*B*、*C*、*D* 为矩形控制网的四个控制点。

测设时，首先将长轴 *MON* 测定于地面，再以长轴为依据测设短轴 *POQ*，两轴的交角误差应小于 ±5″，否则，应对短轴进行调整。主轴线方向确定后，从 *O* 点起，向各自方向精确测量距离定出轴线端点 *M*、*N*、*P*、*Q*，主轴线长度的相对误差不应超过 1/50000。主轴线确定后，可测设矩形控制网，即通过主轴线端点测设90°角，交会出控制点 *A*、*B*、*C*、*D*，最后精密测量控制网边长，其精度与主轴线相同，若角度交会与量距测得的 *A*、*B*、*C*、*D* 点不相符时，进行必要的调整。在进行边线量距时，同时定出距离指标桩。

2）厂房柱列轴线的测设

图 4-36 所示，Ⓐ-Ⓐ、Ⓑ-Ⓑ、Ⓒ-Ⓒ、①-①、②-②…等轴线均为柱列轴线。厂房矩形控制网测设完成后，即可按柱列间距和跨距用钢尺从靠近的距离指标桩量取，沿矩形控制网各边测设出各柱列轴线桩的位置打入方木桩，钉上小钉，作为柱基测设和构件安装的依据。

（2）厂房基础施工测量

厂房柱基的测设

1）基桩的放样

柱基的放样是以柱列轴线与柱基础的尺寸关系测定的。如图 4-37 所示，以 *A*、④轴交点处的柱基为例说明。用两台经纬仪分别置于柱列轴线控制桩 *A* 和④上，瞄准各自轴线另一端的控制桩，交会出的轴线交点即为该基础的定位点。然后根据基础平面图和基础大样图所注的尺寸，在基坑边线外约 0.5~1 m 处的轴线方向上打入 4 个小木桩作为基坑定位桩，再由基础详图的尺寸和基坑放坡宽度，用特制角尺放出开挖边线，并撒白灰标明。

2）基坑抄平

在基坑开挖接近基底设计标高时，在基坑四壁测设相同高程的水平桩，又称腰桩。桩的上表

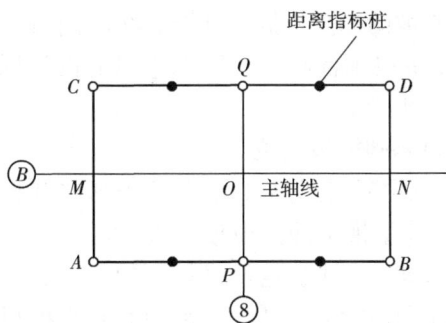

图 4-35 厂房主轴线测设

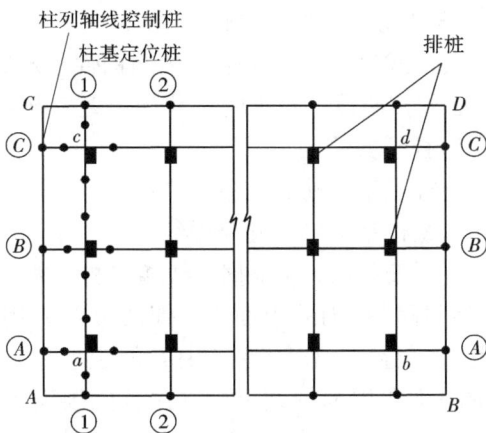

图 4-36 厂房轴线定位

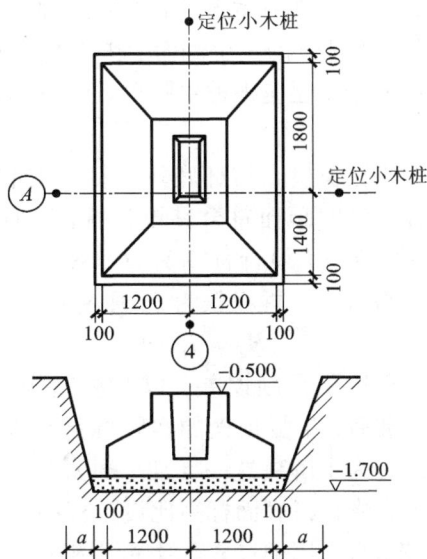

图 4-37 柱基定位

145

面与基底设计标高一般相差 0.3 ~ 0.5 m，作为清底和修坡的标高依据。此外，在坑内测设垫层标高桩，其桩顶标高恰好等于垫层的设计标高。如图 4 - 38 所示。

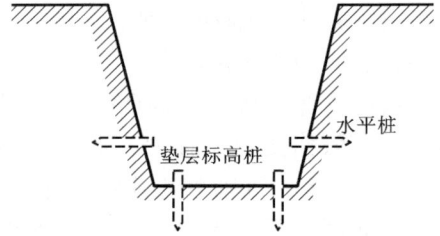

图 4 - 38　腰桩

3）基础模板定位

基础垫层打好后，根据基础形状和尺寸布置钢筋，安置模板即为模板定位。由定位小木桩拉线吊垂球，将柱基定位线投到垫层上，弹出墨线用红漆画出标志，以此布置钢筋和立模板。立模板时应使模板底线与垫层上的定位线对齐，并用垂球检查模板是否竖直。最后用水准仪将柱基顶面设计标高引测到模板的内壁上，以控制灌注基础的高度。

（3）厂房构件安装测量

装配式工业厂房多采用预制构件在现场安装的办法施工。为确保各构件间的正确位置关系，必须按照设计要求的尺寸和位置安装。构件安装包括柱子、吊车梁、吊车轨、屋架等。

1）柱子安装测量

①柱子安装前的准备工作

一是柱基杯口和柱身弹线

柱子安装前，应根据轴线控制桩，把定位轴线投测到杯型基础的顶面上，弹线标明并用红油漆画上"▷"标志，作为柱子中心的定位线。如果柱子中心不在柱列轴线上，应在基础顶面加弹柱子中心定位线，并用红油漆画上"▷"标志。同时，用水准仪在杯口内壁测设 - 0.600 m 标高线，并画上标志"▷"作为杯底找平的依据。如图 4 - 39，另

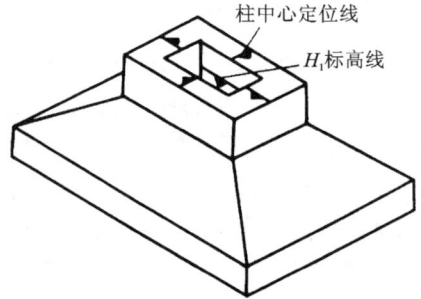

图 4 - 39　基础顶面弹线

外，在每个柱子的三个侧面上弹出柱中心线，并在每条中心线的上端和下端（靠近杯口处）画出"▷"标志，还应根据牛腿面设计标高，从牛腿面向下用钢尺量出 ±0 的标高线，画出"▷"标志。

二是柱长检查与杯底找平柱子安装时，应严格保证牛腿顶面符合其设计标高，如图 4 - 40，设牛腿顶面设计标高为 H_2，基础杯口底面设计标高为 H_1，柱身长为 L，则有：

$$H_2 = H_1 + L$$

由于柱子预制误差，以及柱基施工误差，柱子安装后，牛腿顶面的实际标高与设计标高不一致。为了解决这一矛盾，通常是在浇筑基础时有意将杯口底面标高比设计标高降低 2 ~ 5 cm。安装前，用钢尺实际丈量每根柱子牛腿顶面至柱底的长度 L'，再由 H_2 和 L' 计算出杯口底面实际需要的标高。

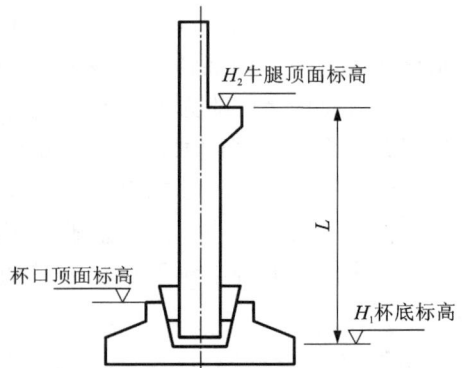

图 4 - 40　柱子就位

$$H'_1 = H_2 - L'$$

然后根据杯口内壁的标高线,用 1∶2 水泥砂浆找平,使杯底的标高达到 H'_1。

②柱子的安装测量

柱子安装测量工作是保证柱子位置正确,柱身竖直,牛腿面符合设计标高。柱子吊起插入杯口,先使柱子基本竖直,使柱脚中心与杯口顶面定位轴线对齐,并用木楔临时固定。再用两台经纬仪安置在离柱子 1.5 倍柱高的纵、横两条轴线上,如图 4 - 41。

先照准柱子下部的标志"▷"固定照准部,逐渐抬高望远镜,检查柱子上部的标志"▷"是否在视线上,如有偏差,指挥吊装人员调节缆绳或用千斤顶进行校正调整,直到两个互相垂直方向竖直偏差都符合要求为止。

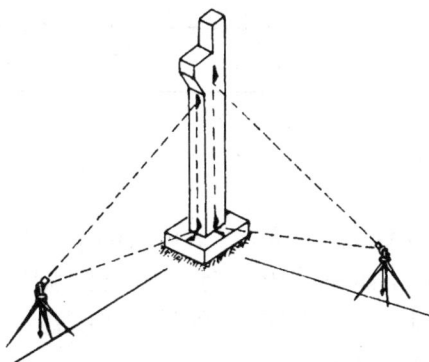

图 4 - 41　柱身的垂直度校正

在实际工作中,为了提高观测速度,常把成排的柱子都竖起来,分别吊入各自的杯口内,初步固定。这时将两台经纬仪分别安置在纵、横轴线的一侧,夹角 β 最好在 15° 以内,安置一次仪器可校正多根柱子。如图 4 - 42,柱子安装校正满足精度要求后,用沙浆或细石混凝土将柱子最终固定。

③注意事项及精度要求

使用的经纬仪必须经过严格的检验校正,仪器操作时照准部的水准管气泡严格居中;对于变载面的柱子吊装校正时,经纬仪必须安置在柱列轴线上;柱子上部的中心线与柱子下部的中心线偏差应在 ±5 mm 之内;用水准仪检查各个牛腿面标高是否符合设计要求,允许值为:当柱高在 5 m 以下时为 ±5 mm,柱高在 5 m 以上时为 ±8 mm。

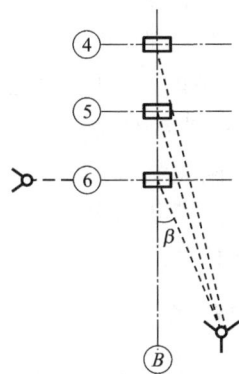

图 4 - 42　多柱垂直度校正

4.2.3　管道施工测量

1. 测量前的准备工作

1)熟悉设计图纸资料,弄清管线布置及工艺设计和施工安装要求。

2)熟悉现场情况,了解设计管线走向,以及管线沿途已有平面和高程控制点分布情况。

3)根据管道平面图和已有控制点,并结合实际地形,作好施测数据的计算整理,并绘制施测草图。

4)根据管道在生产上的不同要求、工程性质、所在位置和管道种类等因素,以确定施测精度。如厂区内部管道比外部要求精度高,无压力的管道比有压力管道要求精度高。

2. 管道中心线的测设

(1)中线测量

管线起止点及各转折点定出以后(图 4 - 43),从线路起点开始量距,沿管道中线每隔 50 m 钉一木桩(里程桩)。

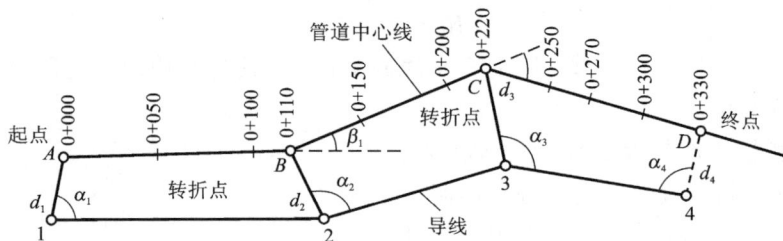

图4－43 管道中心线测量

按照不同精度要求，可用钢尺或皮尺量距离，钢尺量距时用经纬仪定线。起点桩编号为0＋000，如每隔50 m钉一中心桩，则以后各桩依次编号为0＋050，0＋100，…，如遇地形变化的地方应设加桩，如编号为0＋270。如终点桩为0＋330，表示此桩离开起点330 m。桩号用红漆写在木桩侧面。

（2）纵断面测量

根据管线附近敷设的水准点，用水准仪测出中线上各里程桩和加桩处的地面高程。然后根据测得的高程和相应的里程桩号绘制纵断面图。纵断面图表示出管道中线上地面的高低起伏和坡度陡缓情况。

管道纵断面水准测量的闭合允许值为 $\pm 5\sqrt{L}$mm（L 以百米为单位）。

（3）横断面测量

横断面测量就是测出各桩号处垂直于中线两侧一定距离内地面变坡点的距离和高程。然后绘制成横断面图。在管径较小，地形变化不大，埋深较浅时一般不做横断面测量，只依据纵断面估算土方。

【知识归纳】

1. 测设已知水平距离、已知水平角、已知高程、已知坐标的方法。
2. 设置轴线控制桩和龙门板的方法与步骤。
3. 高层建筑施工如何向作业面传递轴线的方法与步骤。
4. 高层建筑的高程传递的方法与步骤。

【达标检测】

1. 具有测设已知水平距离、已知水平角、已知高程、已知坐标的技能。
2. 能读懂建筑施工图纸，获取放样数据。
3. 能正确使用全站仪进行放样。

【思考与练习】

1. 民用建筑施工测量主要包括哪些测量工作？
2. 如何设置轴线控制桩和龙门板？它们的作用是什么？
3. 高层建筑施工如何向作业面传递轴线？
4. 简述高层建筑的高程传递方法。

148

项目 5 建筑物变形观测与竣工测量

【素质目标】

有团队协作和吃苦耐劳精神；具有与人沟通的能力；有踏实肯干、勇挑重担的工作作风。

【知识目标】

通过本项目的学习基本掌握变形观测的原理和方法；了解建筑物变形的内容；掌握沉降观测点的布设方法、建筑物位移与裂缝的观测方法、建筑物竣工测量的方法；熟悉建筑物沉降观测的方法、建筑物倾斜观测的方法。

【技能目标】

通过本项目的学习与训练，能够根据具体工作布设基准点和变形点。能对建筑物进行沉降观测、水平位移观测、倾斜观测、裂缝观测和数据处理。

任务 5.1 建筑物变形观测

变形是自然界普遍存在的一种客观现象，通常是指变形体在各种荷载及自然力作用下，变形体的形状、大小和空间位置随时间变化的现象。

变形体的变形在一定范围内(安全范围内)被认为是允许的，但若超出规定的允许值，则可能引发安全事故，造成灾害。城市的各类建(构)筑物，特别是大量兴建的高层建(构)筑物，在其施工和使用期间，由于受建筑地基的工程地质条件、地基处理方法、建(构)筑物上部结构的荷载等各种因素的影响将会引起基础及其四周的地层产生一定程度上的变形，这种变形在一定的允许限值内，应认为是正常现象；但如果超过了规定的允许限度，就会影响建筑物的正常使用，会对建筑物的安全产生严重影响，或使建筑物发生不均匀沉降而导致倾斜，或造成建筑物开裂，严重时会危及建筑物的安全甚至造成建(构)筑物的垮塌等严重安全事故，给人民生命和国家财产造成不可挽回的损失。因此，在工程建筑物的设计、施工和运营期间，必须对其进行变形监测。

在对建(构)筑物实施变形监测工作时，为了能有针对性地进行变形监测活动，除了要求了解监测对象的具体的工程特点及相关的工程场地的地质构造等之外，还必须分析了解特定工程其潜在的变形内容及其变形产生的原因，以便能针对不同的工程，在监测前制定出合理、有效的变形监测方案，所以，了解各种变形产生的原因对变形监测工作是非常重要的。

一般说来，建筑物变形主要是由两方面的原因引起的，一是自然条件及其变化，即建筑物地基的工程地质、水文地质、土层的物理性质、大气温度等，这一切均会伴随着建筑物的施工和营运随时间的推进而变化。如基础的地质条件不同，有的稳定，有的不稳定，会引起建筑物的沉降，甚至非均匀沉陷，使建筑物发生倾斜；建筑在土基上的建筑物，由于土基的塑性变形而引起沉陷；由于温度与地下水的季节性和周期性的变化，而引起建筑物的规律性变形等。另一种是与建筑物自身相联系的原因，即建筑物本身的荷重、建筑物的结构、形式及外加的动载荷的作用。

此外，由于建筑勘查设计、施工以及运营管理工作做得不合理，也会引起建（构）筑物产生某些额外的形变。

建（构）筑物变形监测不仅可以对建（构）筑物的安全运营起到良好的诊断作用，而且还能在宏观上时时向管理决策者提供准确的信息。通过对建筑物及周边环境实施变形观测，便可得到各监测项目的相对应的变形监测数据，因而可分析和监视建筑物及周边环境的变形情况，才能对建筑物的安全性及其对周围环境的影响程度有全面的了解，以确保工程的顺利施工，当发现有异常变形时，可以及时分析原因，采取有效措施，以保证工程质量和安全生产，同时也为以后进行类似建筑物的结构和基础进行合理设计积累资料。

变形监测的意义在于通过变形监测和分析了解建筑物的变化情况和工作状态，掌握变形的一般规律，在发现不正常现象时，适时增加监测频率，及时分析原因采取措施，防止事故发生，达到被监测建筑物正常施工及安全运行的目的。建筑工程的变形监测，是对地质勘察所提供资料的准确程度、建筑物基础的处理质量以及建筑物主体是否倾斜的准确反映，它能及时发现存在的质量隐患，即使在建筑物已经发生变形的情况下也能对下一步加固处理方案提供重要的参考。

5.1.1 建筑物变形监测内容、方法及要求

1. 建筑物变形监测方案

建筑物变形监测的任务是根据监测对象的特点，依据设计者及业主对变形监测工作的具体要求，制定出合理有效的变形监测方案，并按照方案周期性地对各个监测项目的变形观测点进行重复观测，以求得其在两个观测周期间的变化量，最终对监测数据进行处理与分析，揭示出变形体的变形规律，以作出变形监测的结论，对建筑工程的施工和营运作出安全预报。

对工程建设来说，为了有针对性地进行建筑物变形监测工作，以便为工程项目的设计、施工和安全营运提供第一手的基础数据资料，务必制定出合理有效的工程变形监测方案。

通常在建筑物的设计阶段，在调查建筑物地基负载性能、研究自然因素对建筑物变形影响的同时，就着手拟订建筑物变形监测方案，并将其作为工程建筑物的一项设计内容，以便在施工时将变形观测标志和监测元件埋置在设计位置上。

制定建筑物的变形监测方案是变形监测中非常重要的一项工作，方案制定得好与不好，合理与否，将影响到变形监测工作实施时的观测成本、各项监测成果的精度和可靠性，所以，应当在充分掌握建筑物设计的各项基础资料及项目的工程特点、设计者及业主的具体监测要求的基础上，认真、仔细地进行监测方案设计。

变形监测方案的内容一般包括：相关建筑工程资料的收集、建筑物变形监测系统与各项监测项目的测量方法的制定和选择、变形监测网布设、测量精度和观测周期的确定等。

建筑物变形监测方案的设计与编制，通常可按如下步骤进行：

1) 接受委托，明确建筑物变形监测对象和监测目的；

2）收集编制监测方案所需的基础资料；

3）对建筑工程的施工现场进行踏勘，以了解周围环境；

4）编制建筑物变形监测方案初稿，并提交委托单位审阅；

5）会同有关部门商定各类变形监测项目警戒值，并对监测方案初稿进行商讨，以形成修改文件；

6）根据修改文件来完善监测方案，并形成正式的建筑物变形监测方案。

2．建筑物变形监测的内容

建筑物变形监测方案制定好后，即可着手依据监测方案来确定具体的实施性监测内容，写出相应的监测项目清单。

建筑物变形观测的内容，应根据建筑物的性质、地基的情况、设计者以及业主的特定要求来定。要求有明确的针对性，既要有重点，又要作全面考虑，以便能正确反映出建筑物的变形规律，达到监视建筑物的安全施工、安全运营、了解其变形规律之目的。

建筑物变形监测分为内部监测和外部监测两方面。内部监测内容有建（构）筑物的内部应力、温度变化的监测，动力特性及其变形速率的测定等，一般是测量工作者不能独立完成，而需在相关工程技术人员的配合下进行。外部变形监测的内容主要有沉降监测、水平位移监测、倾斜监测、裂缝监测和挠度监测等。

建筑物变形监测的内容根据建筑物的要求而不同，一般按设计要求及设计规范、施工规范来确定。对于一般的工业与民用建筑物，其监测内容分为基础监测和建筑主体监测两部分。对于基础来说，主要监测内容是均匀沉陷与非均匀沉陷，从而计算绝对沉陷值、平均沉陷值、相对倾斜、平均沉陷速率等；对于建筑物主体本身来说，主要是监测建筑物沉降、倾斜与裂缝等，通过测定建筑物顶部相对于底部或各层间上层相对于下层的水平位移与高差，分别计算整体或分层的倾斜度、倾斜方向及倾斜速度，以及主体上的裂缝情况。对于高大的塔式建筑物和高层建筑，还应进行动态变形监测。

特殊情况下，为了更全面地了解影响工程建筑物变形的原因及其规律，还应对某些特种建筑工程在其勘测阶段进行地表土层的形变观测，以研究土层的稳定性。对高层建筑监测来说，一般可制作如下监测项目清单（表5-1）。

3．建筑物变形监测方法

工程建筑物变形监测的方法选定，要根据建筑物的工程性质、结构特点、使用情况、观测精度要求、周围环境以及设计者和业主对变形监测工作的具体要求来定。通常可采用常规精密大地测量方法进行，主要包括垂直位移监测方法和水平位移监测方法两类。

一般地，垂直位移监测多采用精密水准测量、液体静力水准测量等方法；而水平位移监测，情况则比较复杂。对于直线形的建（构）筑物，采用基准线法观测。对于曲线形的建筑物，采用导线测量方法观测，也可用前方交会的方法。而建筑结构的挠度观测采用通过不锈钢丝悬挂重锤的正锤线法观测。这些观测方法都是一些常规的地面测量方法。

常规地面测量方法主要是用常规测量仪器（经纬仪、全站仪、水准仪）测量角度、边长和高程的变化来测定变形。它们是目前测量的主要手段，能够提供整体变形状态，适用于不同的精度要求、不同形式的变形和不同的外界条件。

表 5 - 1　高层建筑监测项目清单

监测项目		监　测　内　容
沉降观测	施工对邻近建（构）筑物影响的观测	打桩和采用井点降低地下水位等，均会使邻近建（构）筑物产生非均匀的沉降、裂缝和位移等变形。为此，应在打桩、井点降水影响范围以外设基准点，对距基坑一定范围的建（构）筑物上设置沉降观测点，并进行沉降观测。并针对其变形情况，采取安全防护措施
	施工塔吊基座的沉降观测	高层建筑施工使用的塔吊，吨位和臂长均较大。随着施工的进展，塔吊可能会因塔基下沉、倾斜而发生事故。因此，要根据情况及时对塔基四角进行沉降观测，检查塔基下沉和倾斜状况，以确保塔吊运转安全
	地基回弹观测	一般基坑越深，挖土后基坑底面的原土向上回弹得越多，建筑物施工后其下沉也越大。为了测定地基的回弹值，基坑开挖前，在拟建高层建筑的纵、横主轴线上，用钻机打直径 100 mm 的钻孔至基础底面以下 300～500 mm 处，在钻孔套管内埋设特制的测量标志，测定其标高。当套管提出后，测量标志即留在原处。待基坑挖至底面时，测出其标高，然后，在浇筑混凝土基础前，再测一次标高，从而得到各点的地基回弹值。地基回弹值是研究地基土体结构和高层建筑物地基下沉的重要资料
	地基分层和邻近地面的沉降观测	这项观测是了解地基下不同深度、不同土层受力的变形情况与受压层的深度，以及了解建筑物沉降对邻近地面由近及远的不同影响。这项观测的目的和方法基本与地基回弹观测相同
	建筑物自身的沉降观测	这是高层建筑沉降观测的主要内容。当浇筑基础垫层时，应在垫层上指定的位置埋设好临时观测点。一般每施工一层观测一次，直至竣工。工程竣工后的第一年内要测四次，第二年测两次，第三年后每年一次，直至下沉稳定为止。一般砂土地基测两年，黏性土地基测五年，软土地基测十年
位移观测	护坡桩的位移观测	无论是钢板护坡桩还是混凝土护坡桩，在基坑开挖后，由于受侧压力的影响，桩身均会向基坑方向产生位移。为监测其位移情况，一般要在护坡桩基坑一侧 500 mm 左右设置平行控制线，用经纬仪视准线法，定期进行观测，以确保护坡桩的安全
	日照对高层建筑物上部位移变形的观测	这项观测对施工中如何正确控制高层建（构）筑物的竖向偏差具有重要作用。观测随建（构）筑物施工高度的增加，一般每 30 m 左右实测一次。实测时应选在日照有明显变化的晴天天气进行，从清晨起每一小时观测一次，至次日清晨，以测得其位移变化数值与方向，并记录向阳面与背阳面的温度。竖向位置以使用天顶法为宜
	建筑物本身的位移观测	由于地质或其他原因，当建筑物在平面位置上发生位移时，应根据位移的可能情况，在其纵向和横向上分别设置观测点和控制线，用经纬仪视准线或小角度法进行观测
倾斜观测	建（构）筑物竖向倾斜观测	一般要在进行倾斜监测的建（构）筑物上设置上、下两点或上、中、下多点观测标志，各标志应在同一竖直面内。用经纬仪正倒镜法，由上而下投测各观测点的位置，然后根据高差计算倾斜量。或以某一固定方向为后视，用测回法观测各点的水平角及高差，再进行倾斜量的计算
	建（构）筑物不均匀下沉对竖向倾斜影响的观测	这是高层建筑中最常见的倾斜变形观测，利用沉降观测的数据和观测点的间距，即可计算由于不均匀下沉对倾斜的影响

5.1.2　建筑物沉降观测

建筑物沉降观测是用水准测量的方法，周期性地观测建筑物上的沉降观测点和水准基点之间的高差变化值。

1. 布设水准基点

水准基点是确认固定不动且作为沉降观测高程基点的水准点。它是监测建筑物地基及建筑物主体变形的基准，一般设置三个水准点构成一组，同时在每组三个水准点的中心位置设置固定测站，经常测定三点间的高差，用以判断水准基点的高程本身有无变动，水准基点应埋设在建筑物变形影响范围以外。在布设水准基点时必须考虑下列因素：

1）根据监测精度的要求，布置成网形最合理、测站数最少的监测环路。如图 5 - 1 所示为某建筑场区布设的水准基点及水准监测网。

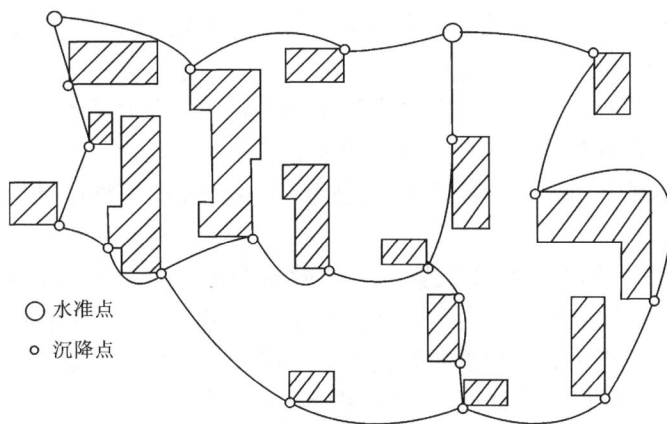

○ 水准点

◦ 沉降点

图 5 - 1　水准网的布设

2）在整个水准网里，应有四个埋设深度足够的水准基点作为高程起算点，其余的可埋设一般地下水准点或墙上水准点。施测时可选择一些稳定性较好的沉降点，作为水准线路基点与水准网统一监测和平差。因为施测时不可能将所有的沉降点均纳入水准线路内，大部分沉降点只能采用安置一次仪器直接测定，因为转站会影响成果精度，故选择一些沉降点作为水准点极为重要。

3）水准基点应根据建筑场区的现场情况，设置在较明显且通视良好保证安全的地方，并且要求相互间便于进行联测。

4）水准基点应布设在拟监测的建筑物之间，距离一般为 20 m 到 40 m 左右，一般工业与民用建筑物应不小于 15 m，较大型并略有震动的工业建筑物应不小于 25 m，高层建筑物应不小于 30 m。总之，应埋设在建筑物变形影响范围之外，不受施工影响的地方。

5）监测单独建筑物时，至少布设三个水准基点，对建筑面积大于 5000 m² 或高层建筑，则应适当增加水准基点的个数。

6）一般水准点应埋设在冻土线以下半米处，设在墙上的水准点应埋在永久性建筑物上，且离开地面高度约为 0.5 m。

7)水准基点的标志构造，必须根据埋设地区的地质条件、气候情况及工程的重要程度进行设计。对于一般建筑物及深基坑沉降监测，可参照水准测量规范中二、三等水准的规定进行标志设计与埋设；对于高精度的变形监测，需设计和选择专门的水准基点标志。

2. 布设沉降观测点

沉降观测点的布置位置和数量的多少，应以能准确地反映出变形体的沉降情况并结合地质情况、基坑周边的环境及建筑物的结构特点等情况而定，点位宜选设在如下部位：

1)沉降监测点应布置在建筑物基础和本身沉降变化较显著的地方，并要考虑到在施工期间和竣工后，能顺利进行监测的地方。

2)在建筑物四周角点、中点及内部承重墙(柱)上均需埋设监测点，并应沿房屋周长每间隔10～12 m设置一个监测点，但工业厂房的每根柱子均应埋设监测点。

3)由于相邻建筑及深基坑与周边环境之间相互影响的关系，在高层和低层建筑物、新老建筑物连接处，以及在相接处的两边都应布设监测点。

4)在人工加固地基与天然地基交接和基础砌筑深度相差悬殊处，以及在相接处的两边都应布设监测点。

5)当基础形式不同时，需在结构变化位置埋设监测点。当地基土质不均匀，可压缩性土层的厚度变化不一或有暗浜等情况时需适当埋设监测点。

6)在震动中心基础上也要布设监测点，在烟囱、水塔等刚性整体基础上，应不少于三个监测点。

7)当宽度大于15 m的建筑物在设置内墙体的监测标志时，应设在承重墙上，并且要尽可能布置在建筑物的纵横轴线上，监测标志上方应有一定的空间，以保证测尺直立。

8)重型设备基础四周及邻近堆置重物之处，即在大面积堆荷的地方，也应布设监测点。

某些沉降观测点的埋设形式如图5-2和图5-3所示。

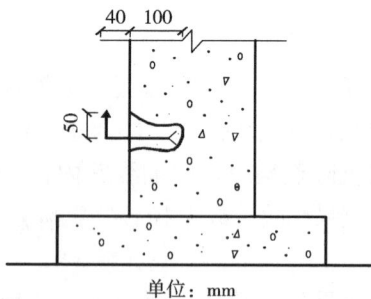

图5-2 钢筋混凝土柱上的观测点

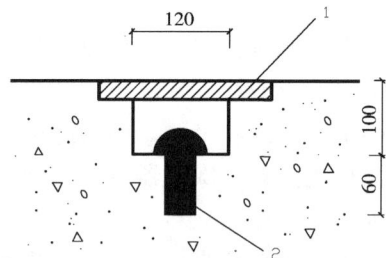

图5-3 基础上的观测点

在浇筑建筑物基础时，应根据沉降监测点的相应位置，埋设临时的基础监测点。若基础本身荷载很大，可能在基础施工时就产生一定的沉降，便应埋设临时的垫层监测点，或基础杯口上的临时监测点，待永久监测点埋设完毕后，立即将高程引测到永久监测点上。在监测期间如发现监测点被损毁，应立即补埋。

3. 确定沉降监测频率

沉降观测的监测频率应根据建(构)筑物的特征、变形速率、观测精度和工程地质条件等因素综合考虑，并根据沉降量的变化情况适当调整。高层建筑在基础施工阶段变形监测应在较大荷重增加前后进行监测。施工期间，高层建筑每增加 1~2 层应监测 1 次。同时，对建筑结构突然发生严重裂逢或大量沉降等特殊情况，则应增加监测次数。建筑物使用阶段第一年监测 3~4 次。第二年监测 2~3 次，第三年后每年 1 次，当建筑物沉降速度在 0.01~0.04 mm/d 范围内即视为稳定。同时，根据工程具体情况调节监测频率，如地面荷重突然增加、长时间连续降雨等一些对高层建筑有重大影响的情况。也可以根据监测时得出的变形速度确定下一步的监测频率。

4. 确定沉降监测精度

沉降监测精度的确定，取决于建筑物允许变形值的大小和监测的目的。由于建筑物的种类很多，工程的复杂程度不同，监测的周期不一样，所以对沉降监测的精度要求定出统一的规格是十分困难的。根据从国内外的资料分析和实践经验，按照我国《建筑变形测量规程》(TGJ/T 8—97) 的要求，对建筑物沉降监测的精度要求应控制在建筑物允许变形值的 1/10~1/20 之间。

一般来说，应根据建筑物的特性和建设单位、设计单位的要求选择沉降观测精度的等级。在没有特殊要求的情况下，一般性的高层建(构)筑物施工过程中，应采用二等水准测量的观测方法进行观测，以满足沉降观测工作的精度要求。其相应的各项观测指标要求如下：

1) 往返较差、附合或闭合线路的闭合差：$f_h \leqslant 0.30 \sqrt{n}$ (mm) (其中 n 表示测站数)；

2) 前、后视距：每站的后视距离、前视距离均 $\leqslant 30$ m；

3) 前、后视距差：每站的后视距离与前视距离之差 $\leqslant 1.0$ m；

4) 前、后视距累积差：各站后视距离与前视距离之差的累计值 $\leqslant 3.0$ m；

5) 沉降观测点相对于后视点的高差容许差 $\leqslant 0.5$ m；

6) 水准仪的精度不低于 N_2 级别。

5. 采集沉降监测数据

高层建筑的沉降监测，通常使用精密水准仪配合钢瓦钢尺来施测，在监测之前应当对使用的水准仪和水准尺进行检校，在水准仪的检校中，应当对影响精度最大的 i 角误差进行重点检查。在施测的过程中应当严格遵循国家二等水准测量的各项技术要求，将各监测点布设成闭合环或附合水准路线，并需联测到水准基点上，沉降监测是一项较长期的系统监测工作，为了提高测量的精度，保证监测成果的正确性，在监测过程中应做到五定。

同时为了正确地分析变形的原因，监测时还应当记录荷重变化和气象情况。这样可以尽量减少观测误差的不定性，使所测的结果具有统一的趋向性，保证各次观测结果与首次观测的结果具有可比性，使所观测的沉降量更真实。

对高层建筑的沉降观测，其实施步骤一般为：

1) 根据编制的垂直位移监测方案及确定好的观测周期进行施测，首次观测必须在变形观测点趋于稳定后及时进行。一般高层建筑物有一或数层地下结构层，首次观测应从基础开始，在基础的纵、横轴线上(即基础底板边)按设计好的位置埋设沉降观测点(临时的)，等临时观测点稳固好，进行首次观测。

2) 首次观测的沉降观测点高程值是以后各次观测用以比较的基础，其精度要求非常高，施测时一般用 N_2 或 N_3 级精密水准仪。并且要求每个观测点的首次高程应在同期观测两次后确定。

结构每升高一层，临时观测点应移上一层并进行观测，直到建筑物 ±0.000 m 处。再按规定埋设永久观测点(永久观测点应设在 ±0.000 m 之上 500 mm 处)并进行观测。以后每增加一层就复测一次，直至竣工。以此采集各期完整的沉降外业观测数据。

6. 整理沉降观测成果

沉降观测成果应根据观测时间与每次观测后各点的下沉情况绘制每一点的时间与沉降量的关系曲线，求算每一点各阶段的下沉量，下沉速度与总下沉量作为评定各点垂直运动情况的依据，并根据各点垂直运动的结果综合评定整个建筑物的下沉情况，判定其稳定性。

5.1.3 建筑物的倾斜观测

建筑物因地基基础不均匀下沉或其他原因，往往会产生倾斜，为了解建筑物的倾斜对其稳定性的影响，应进行建筑物的倾斜观测，以便及时采取措施。测定建筑物倾斜的方法有两类，其一为直接法测定建筑物的倾斜，最简单的是悬吊垂球的方法，它是根据所测得的偏差值来直接确定建筑物的倾斜度；而对于高层建筑、水塔、烟囱等建筑物，通常采用经纬仪投影、测水平角的方法或用激光铅直仪的方法来测定它们的倾斜。另一类方法是通过测量建筑物基础相对沉陷来确定建筑物的倾斜，该类方法一般常用水准测量的方法、液体静力水准仪测量方法以及使用气泡式倾斜仪来测定建筑物基础的沉陷值，进而计算建筑物的倾斜。

1. 直接测定建(构)筑物倾斜

直接测定建(构)筑物倾斜的方法中最简单的是悬吊垂球的方法，根据其偏差值可直接确定建(构)筑物的倾斜，但是由于有时在建(构)筑物上面无法固定悬挂垂球的钢丝，因此对于高层建筑、水塔、烟囱等建(构)筑物，通常采用经纬仪投影或测量水平角的方法来测定它们的倾斜。

(1)一般建(构)筑物的倾斜观测

进行倾斜观测之前，首先应在待监测建(构)筑物的两个相互垂直的墙面上各设置上、下两个观测标志，两点应在同一竖直面内。如图 5－4 所示，在距离建筑物高度 1.5 倍以外的地方(以减少仪器竖轴不垂直所造成的误差影响)确定一固定测站，在建筑物顶部确定一点 M，称为上观测点，在测站上对中、整平安置经纬仪，通过盘左、盘右分中投点法定出 M 点在建(构)筑物室内地坪高度处(±0.00)的投测点 N，称为下观测点；用同样的方法在同一观测时间段内，在

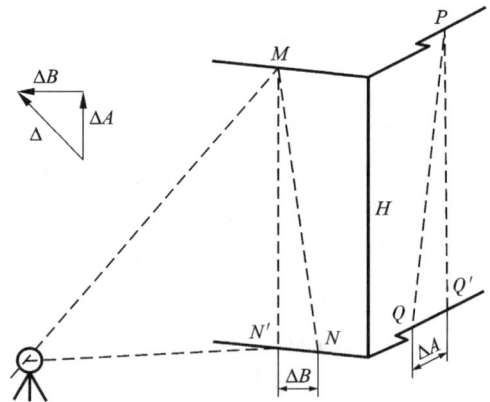

图 5－4　建(构)筑物倾斜观测

与原观测方向垂直的另一方向上，定出另一固定测站，同法确定该墙面的上观测点 P 和下观测点 Q。间隔一段时间后(即一个观测周期)，分别在两固定测站上，安置经纬仪，照准各面的上部观测点，投测出 M、P 点的下测点 N' 和 Q'，若点 N' 与 N、点 Q' 与 Q 不重合，则说明该建筑物已发生了倾斜。N' 与 N、Q' 与 Q 之间的水平距离即为该建筑物两面的倾斜值，用钢尺量出 $N'N$ 和 $Q'Q$ 的水平距离分别为 $b = \Delta B$，$a = \Delta A$，根据图 5－4 中矢量图，计算出建筑物的总倾斜量 Δ 为：$c = \Delta = \sqrt{a^2 + b^2}$。

若建筑物的高度为 H，则建筑物的总倾斜度为 c/H。

（2）塔式构筑物的倾斜观测

对水塔、电视塔等塔式高耸构筑物的倾斜观测，是在相互垂直的两个方向上测定其顶部中心对底部中心的偏心距，该偏心距即为构筑物的倾斜值。图 5 – 5 为一烟囱倾斜观测的示意图。

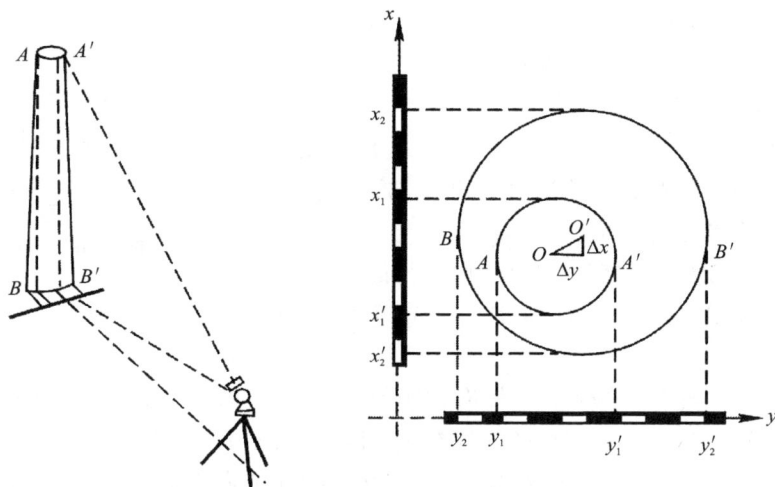

图 5 – 5　塔式构筑物的倾斜观测

在靠近烟囱底部所选定方向横放一根标尺，并在标尺的中垂线方向上，且距离烟囱的距离大于烟囱的高度的地方，安置经纬仪进行对中、整平，用望远镜分别照准烟囱顶部边缘两点 A、A'，锁住水平制动，松开竖直制动，将它们分别投测到标尺上，得读数分别为 y_1 和 y_1'；用同样方法，照准其底部边缘两点 B、B'，并投测到标尺上，得读数分别为 y_2 和 y_2'。则烟囱顶部中心 O 对底部中心 O' 在 Y 方向上的偏心距为 $\delta_y = \dfrac{y_1 + y_1'}{2} - \dfrac{y_2 + y_2'}{2}$；同法，再将经纬仪与标尺安置于烟囱的另一垂直方向上，测得烟囱顶部和底部边缘在标尺上投点的读数分别为 x_1 和 x_1' 及 x_2 和 x_2'。则在 X 方向上的偏心距 $\delta_x = \dfrac{x_1 + x_1'}{2} - \dfrac{x_2 + x_2'}{2}$。烟囱顶部中心 O 对底部中心 O' 的总偏心距 $\delta = \sqrt{\delta_x^2 + \delta_y^2}$，烟囱的倾斜度为 $\alpha = \delta / H$（H 为烟囱的高度）。

也可用激光铅直仪来测定高大建筑物顶部相对于底部的偏移值，除以建筑物的高度得到建筑物的倾斜值。

2. 测量建筑物基础的相对沉陷来确定建筑物倾斜

当利用建筑物基础相对沉陷量来确定建筑物倾斜时，倾斜观测点与沉陷观测点的位置，一般要配合起来进行布置。目前我国测定基础倾斜常用水准测量、液体静力水准测量以及使用气泡式倾斜仪。

（1）水准仪倾斜观测

水准测量方法的原理是用水准仪测出两个观测点之间的相对沉陷，由相对沉陷与两点间距离之比，可换算成倾斜角。

建(构)筑物的倾斜观测可采用精密水准仪进行监测，其原理是通过测量建(构)筑物基础的沉降量来确定建(构)筑物的倾斜度，是一种间接测量建(构)筑物倾斜的方法。

如图 5-6，定期测出基础两端点的沉降量，并计算出沉降量的差 Δh，再根据两点间的距离 L，即可计算出建筑物基础的倾斜度：$\alpha = \Delta h/L$。若知道建筑物的高度 H，同时可计算出建筑物顶部的倾斜位移值 $\Delta = \alpha \times H = (\Delta h/L) \times H$。

对于混凝土坝，采用精密水准仪按二等水准测量进行施测，这样求得的倾斜角的精度可达 $1 \sim 2$ s。

（2）液体静力水准仪倾斜观测

用液体静力水准测量方法测定倾斜的实质是利用液体静力水准仪测定出两点的高差，然后计算高差与两点间距离之比，即为监测变形体的倾斜度。

要测定建(构)筑物倾斜度的变化，可进行周期性的观测。这种仪器不受距离限制，并且距离愈长，测定倾斜度的精度愈高。

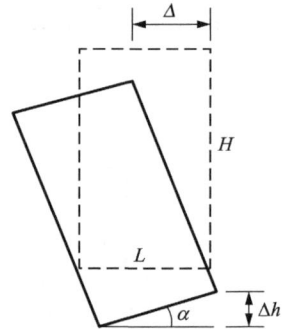

图 5-6　水准仪倾斜观测

（3）用倾斜仪进行倾斜观测

常用倾斜仪有水准管式倾斜仪、气泡式倾斜仪、电子倾斜仪等。一般有能连续读数、自动记录和数字传输等特点，有较高的观测精度，因而广泛应用在倾斜观测中。将倾斜仪安置在需要观测的位置上以后，转动读数盘，使测微杆向上(或向下)移动，直至水准气泡居中为止，此时在读数盘上读数，即可得出该处的倾斜度。

5.1.4　建筑物裂缝和挠度监测

1. 裂缝观测

当建(构)筑物的基础挠度过大时，建(构)筑物就会因剪切破坏而产生裂缝。建(构)筑物出现裂缝时，除了要增加沉降观测的次数外，还应立即进行裂缝观测，以掌握裂缝发展趋势。同时，要根据沉降观测、倾斜观测和裂缝观测的数据资料，研究和查明变形的特性及原因，用以判定该建(构)筑物是否安全。

建(构)筑物多次发生裂缝时，应首先对建(构)筑物裂缝进行编号；然后分别测定各裂缝的位置、走向、长度、宽度等，并标志出这些裂缝是否已形成贯穿缝；当为混凝土建筑物时，应测定混凝土温度、湿度、水温，对于水坝还应测定水位等观测项目；对于梁柱式建筑物还要检查荷载情况等。

在裂缝发生和发展期，应每天观测一次；当发展缓慢后，可适当减少观测。对于水坝这类建筑物，当出现最高、最低气温，水位变化大的季节和洪水期，洪峰最容易发生变化，应增加观测次数。

裂缝处应用油漆画出标志，或在混凝土表面绘制方格坐标网，进行测量。对重要的裂缝，应在适当的距离和高度处设立固定观测站进行地面摄影测量。

根据裂缝分布情况，在裂缝观测时，应在有代表性的裂缝两侧各设置一个固定的观测标志，然后定期量取两标志的间距，即可得出裂缝变化的尺寸(长度、宽度和深度)。如图 5-7，埋设的观测标志是用直径为 20 mm，长约 80 mm 的金属棒，埋入混凝土内 60 mm，外露部分为标志点，其上各有一个保护盖。两标志点的距离不得少于 150 mm，用游标卡尺定期测量两个标志点之间距离变化值,其精度可达 0.1 mm,以此来掌握裂缝的发展情况。

墙面上的裂缝,可采取在裂缝两端设置石膏薄片,使其与裂缝两侧牢固黏连,当裂缝裂开或加大时石膏片亦裂开,监测时可测定其裂口的大小和变化。还可以采用两铁片,平行固定在裂缝两侧,使一片搭在另一片上,保持密贴。其密贴部分涂红色油漆,露出部分涂白色油漆,如图 5-8。这样即可定期测定两铁片错开的距离,以监视裂缝的变化。

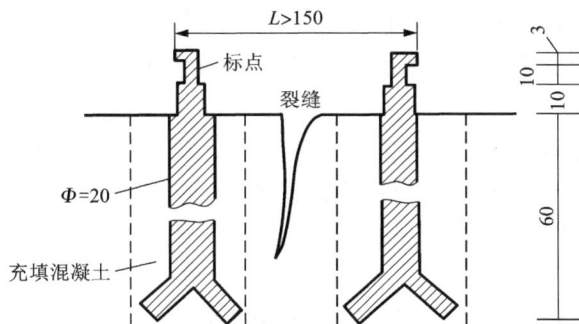

图 5-7　埋设标志测裂缝　　　　图 5-8　设置两金属片测裂缝

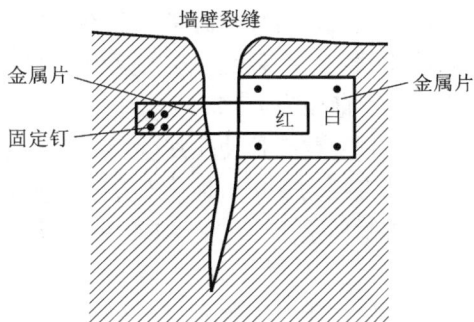

对于比较整齐的裂缝(如伸缩缝),则可用千分尺直接量取裂缝的变化。

混凝土建筑物或重要建筑物的裂缝观测成果一般包括下列资料:

1)裂缝分布图:将裂缝画在混凝土建筑物的结构图上,并注明编号。

2)裂缝平面形状分布图:对于重要和典型的裂缝,可绘制出大比例尺平面图或剖面图,在图上注明观测成果,并将有代表性的几次观测成果绘制在一张图上,以便于分析比较。

3)裂缝的发展过程图。

对于混凝土建筑物伸缩缝的观测,可在伸缩缝两侧埋设标点,用裂缝法观测,也可用专门的电阻式测量伸缩缝的变化。

混凝土建筑物伸缩缝观测成果包括以下资料:

1)缝宽与混凝土温度变化曲线;

2)缝宽与气温变化曲线。

2. 挠度观测

在建筑物的垂直面内,各不同高程点相对于底点的水平移动为挠度。对于高层建筑物,由于它们相当高,故在很小的面积上集中了较大的荷载,从而导致建筑物基础不均匀下沉促使建筑物倾斜,局部构件产生歪曲,以致出现裂缝。建筑物的倾斜与竖直方向弯曲便会导致建筑物的挠曲。对于高大的塔式建筑物来说,在温度和风力作用下,其挠曲会来回摆动,从而需要对建筑物进行动态的摆动观测。

另外,建筑物的挠度可由在不同高度处测得的倾斜量换算求得,也还可采用电子测斜仪、竖向激光准直仪等测定建筑物的挠度。

大坝的挠度观测通常采用正垂线法。在进行大坝挠度观测时,首先在坝体竖井中,从坝顶附近挂下一根铅垂线而直通至坝底。并在铅垂方向不同高度位置处设置测点,用坐标仪测出各点与铅垂线之间的相对位移值,这种方法称为正垂线法。

正垂线法的主要设备包括:悬线装置、固定与活动夹线装置、观测墩、垂线、重锤、油箱等。

1）固定夹线装置：它是悬挂垂线的支点，该点在使用期间应保持不变；若万一垂线意外受损而折断，支点应能保证所换垂线位置不变，当采用较重的重锤时，须在固定夹线器的上方一米处设悬线装置。固定夹线装置必须安装在坝顶附近人能到达的位置，以便能调节垂线长度或更换垂线。

2）活动夹线装置：它是多点夹线法观测时的支点，其构造需考虑不使垂线有突折变化，以免损伤垂线，同时还需考虑到在每次观测时都不改变原点位置。

3）垂线：是一种高强度且不生绣的金属丝，垂线的粗细由本身的强度和所挂重锤的重量决定，一般直径为 1~2.5 mm。

4）重锤：重锤是使垂线保持铅垂状态的重物，可用金属或混凝土制成砝码的形式。若所用垂线的直径为 1 mm 时，其所挂的重锤质量为 20 kg；若所用垂线的直径为 2.5 mm 时，其所挂的重锤质量应为 150~200 kg。重锤上设有止动叶片，在进行挠度观测时以加速垂线的静止。

油箱的作用是不使重锤旋转或摆动，为的是加大浸泡在油里的重锤的阻力，以保持重锤的稳定。

对于平置的构件，至少在两端及中间设置三个沉降点进行沉降监测，可以测得在某时间段内三个点的沉降量，分别为 h_a、h_b、h_c，则该构件的挠度值为：

$$\tau = \frac{1}{2}(h_a + h_c - 2h_b) \times \frac{1}{S_{ac}}$$

式中：h_a、h_c 为构件两端点的沉降量；h_b 为构件中间点的沉降量；S_{ac} 为两端点间的平距。

对于直立的构件，至少要设置上、中、下三个位移监测点进行位移监测，利用三点的位移量求出挠度大小。在这种情况下，我们把在建筑物垂直面内各不同高程点相对于底点的水平位移称为挠度。

如图 5-9 为一直立构件，其采用正垂线法进行挠度观测的方法为：从建筑物顶部悬挂一根铅垂线，直通至底部，在铅垂线的不同高程上设置测点，借助坐标仪表量测出各点与铅垂线最低点之间的相对位移。任意点 N 的挠度 S_N 按下式计算：

$$S_N = S_0 - \overline{S}_N$$

式中：S_0 为铅垂线最低点与顶点之间的相对位移；S_N 为任一测点 N 与顶点之间的相对位移。

例 5-1 为了确保某大楼的安全使用，对其进行一般精度的沉降观测从施工开始，第一次观测时间为 2004 年 7 月 15 日，绘制沉降曲线。

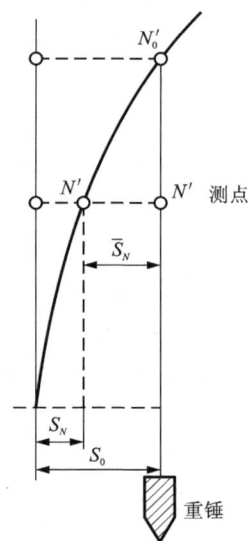

图 5-9 直立构件挠度监测

操作步骤：

（1）根据工作基点的设置要求，设置了 3 个工作基点，分别为 BM1、BM2、BM3。使用 DS3 水准仪对这 3 个工作基点进行三等闭合全水准线路测量，测出三个点的高程，并定期复测。

（2）根据需要，设置 4 个观测点 1、2、3、4，并做标记，如图 5-10。

（3）沉降观测实施。

沉降观测一般在基础施工或基础垫层浇筑后开始进行。施工时，每增加一定的荷载观测一次。当遇到基础附近地面荷载突然增加、周围大面积积水或暴雨、周围大量挖方或发现异常沉降等现象时，应增加观测次数。建筑物投入使用后，可按沉降速度依表5-2所列观测周期，定期进行观测，直到每日沉降量小于0.01 mm时为止。

表5-2 沉降观测周期

沉降速度/（mm·d⁻¹）	观测周期
>0.3	半个月
0.1～0.3	一个月
0.05～0.1	三个月
0.02～0.05	六个月
0.01～0.02	一年
<0.01	停止

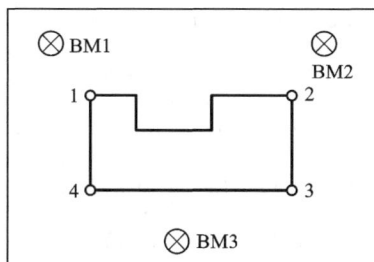

图5-10 工作基点和观测点分布

根据测量数据计算高程和荷载大小，沉降观测记录数据如表5-3。

表5-3 沉降观测数据

观测次数	观测时间	荷载	向观测点的沉降情况						施工进展情况
			1			2			
			高程/m	下沉/mm	累积/mm	高程/m	下沉/mm	累积/mm	
1	2004.7.15	43.0	155.392	0	0	155.743	0	0	基础施工结束
2	2004.7.30	51.0	155.390	-2	-2	155.741	-2	-2	一层主体结束
3	2008.8.15	72.0	155.388	-2	-4	155.738	-3	-5	二层主体结束
4	2004.9.30	90.0	155.384	-4	-8	155.734	-4	-9	三层主体结束
5	2004.10.15	103.0	155.380	-4	-12	155.731	-3	-12	主体结束
6	2004.11.15	103.0	155.378	-2	-14	155.729	-2	-14	竣工
7	2004.12.15	103.0	155.377	-1	-15	155.728	-1	-15	运营
8	2004.1.15	103.0	155.375	-2	-17	155.726	-2	-17	运营
9	2005.2.15	103.0	155.374	-1	-18	155.725	-1	-189	运营
10	2005.5.15	103.0	155.374	0	-18	155.723	-2	-20	运营
11	2005.8.15	103.0	155.373	-1	-19	155.722	-1	-21	运营
12	2005.11.15	103.0	155.372	-1	-20	155.721	-1	-22	运营
13	2006.2.15	103.0	155.371	-1	-21	155.721	0	-22	运营
14	2006.5.15	103.0	155.371	0	-21	155.721	0	-22	运营

观测次数	观测时间	荷载	向观测点的沉降情况						施工进展情况
			3			4			
			高程/m	下沉/mm	累积/mm	高程/m	下沉/mm	累积/mm	
1	2004.7.15	43.0	155.745	0	0	155.395	0	0	基础施工结束
2	2004.7.30	51.0	155.744	-1	-1	155.393	-2	-2	一层主体结束
3	2008.8.15	72.0	155.740	-4	-5	155.389	-4	-6	二层主体结束
4	2004.9.30	90.0	155.737	-3	-8	155.387	-2	-8	三层主体结束
5	2004.10.15	103.0	155.735	-2	-10	155.385	-2	-10	主体结束
6	2004.11.15	103.0	155.734	-1	-11	155.383	-2	-12	竣工
7	2004.12.15	103.0	155.733	-1	-12	155.381	-2	-14	运营
8	2004.1.15	103.0	155.731	-2	-14	155.380	-1	-15	运营
9	2005.2.15	103.0	155.729	-2	-16	155.378	-2	-17	运营
10	2005.5.15	103.0	155.728	-1	-17	155.377	-1	-18	运营
11	2005.8.15	103.0	155.727	-1	-18	155.377	0	-18	运营
12	2005.11.15	103.0	155.726	-1	-19	155.377	0	-18	运营
13	2006.2.15	103.0	155.725	-1	-20	155.377	0	-18	运营
14	2006.5.15	103.0	155.725	0	-20	155.377	0	-18	运营

可根据时间与沉降量及时间与荷载数据，绘制曲线图。

技能训练 5 - 1 沉降监测

根据一定的野外观测数据(见表 5 - 4 观测记录数据)，在规定的时间内完成 HV1、HV2、HV3 监测点的本次沉降量和累计沉降量的计算工作，并绘出监测点 HV1、HV2、HV3 的沉降曲线图。

完成以下工作：

(1)把观测数据输入 EXCEL 表格中。

(2)计算出变形量。

(3)绘制曲线图。

(4)写出变形监测分析结果(按相关规范要求，沉降量累计超过 200 mm 时，处于不安全的状态)。

表 5－4　沉降观测数据表

观测点编号	分量	第 1 次 2009.4.11—2009.4.13 坐标/m	第 1 次 位移量/mm 本次	第 1 次 位移量/mm 累计	第 2 次 2009.4.14—2009.4.18 坐标/m	第 2 次 位移量/mm 本次	第 2 次 位移量/mm 累计	第 3 次 2009.4.19—2009.4.23 坐标/m	第 3 次 位移量/mm 本次	第 3 次 位移量/mm 累计	第 4 次 2009.4.23—2009.5.01 坐标/m	第 4 次 位移量/mm 本次	第 4 次 位移量/mm 累计
HV1	X	6311.1288	0.00	0.00	6311.1401	11.30	11.30	6311.1431	3.00	14.30	6311.1431	0.00	14.30
HV1	Y	5845.4071	0.00	0.00	5845.3979	-9.20	-9.20	5845.3997	1.80	-7.40	5845.3997	0.00	-7.40
HV2	X	6336.3961	0.00	0.00	6336.4037	7.60	7.60	6336.4044	0.70	8.30	6336.4051	0.70	9.00
HV2	Y	5826.2289	0.00	0.00	5826.2300	1.10	1.10	5826.2296	-0.40	0.70	5826.2278	-1.80	-1.10
HV3	X	6361.0542	0.00	0.00	6361.0590	4.80	4.80	6361.0620	3.00	7.80	6361.0620	0.00	7.80
HV3	Y	5826.9750	0.00	0.00	5826.9774	2.40	2.40	5826.9751	-2.30	0.10	5826.9751	0.00	0.10
HV4	X	6394.2731	0.00	0.00	6394.2813	8.20	8.20	6394.2809	-0.40	7.80	6394.2809	0.00	7.80
HV4	Y	5827.9934	0.00	0.00	5827.9958	2.40	2.40	5827.9936	-2.20	0.20	5827.9936	0.00	0.20
HV5	X	6429.2576	0.00	0.00	6429.2672	9.60	9.60	6429.2666	-0.60	9.00	6429.2666	0.00	9.00
HV5	Y	5829.0621	0.00	0.00	5829.0689	6.80	6.80	5829.0638	-5.10	1.70	5829.0638	0.00	1.70
HV6	X	6456.6139	0.00	0.00	6456.6239	10.00	10.00	6456.6198	-4.10	5.90	6456.6198	0.00	5.90
HV6	Y	5829.8629	0.00	0.00	5829.8721	9.20	9.20	5829.8602	-11.90	-2.70	5829.8602	0.00	-2.70
HV7	X	6490.4973	0.00	0.00	6490.4976	0.30	0.30	6490.4989	1.30	1.60	6490.4989	0.00	1.60
HV7	Y	5830.8401	0.00	0.00	5830.8397	-0.40	-0.40	5830.8325	-7.20	-7.60	5830.8325	0.00	-7.60

任务5.2 竣工测量

建(构)筑物竣工验收时进行的测量工作称为竣工测量。在每一个单项工程完成后，必须由施工单位进行竣工测量，并提交工程竣工测量成果，作为编绘竣工总平面图的依据。

5.2.1 竣工测量

1. 竣工测量内容

(1)测量工业厂房及一般建筑物

房角坐标、几何尺寸、各种管线进出口的位置和高程，房屋四角室外高程；并附注房屋编号、结构层数、面积和竣工时间等。

(2)测量地下管线

检修井、转折点、起终点的坐标，井盖、井底、沟槽和管顶等的高程，附注管道及检修井的编号、名称、管径、管材、间距、坡度和流向。

(3)测量架空管线

转折点、节点、交叉点和支点的坐标，支架间距、基础标高等。

(4)测量交通线路

起终点、转折点和交叉点坐标，曲线元素，桥涵等构造物位置和高程，人行道、绿化带界限等。

(5)测量特种构筑物

沉淀池、污水处理池、烟囱、水塔等及其附属构筑物的外形、位置及标高等。

(6)其他

测量控制网点的坐标及高程，绿化环境工程的位置及高程。

2. 竣工测量的方法与地形测量的区别

(1)图根控制点密度

一般竣工测量图根控制点的密度要大于地形测量图根控制点的密度。

(2)碎部点的实测

地形测量一般采用视距测量的方法测定碎部点的平面位置和高程；而竣工测量一般采用经纬仪测角、钢尺量距的极坐标法测定碎部点的平面位置，采用水准仪或经纬仪视线水平测定碎部点的高程，亦可用全站仪进行测绘。

(3)测量精度

竣工测量的测量精度要高于地形测量的测量精度。地形测量的测量精度要求满足图解精度，而竣工测量的测量精度一般要满足解析精度，应精确至厘米。

(4)测绘内容

竣工测量的内容比地形测量的内容更丰富。竣工测量不仅测地面的地物和地貌，还要测地下各种隐蔽工程，如上、下水管及热力管线等。

5.2.2　编绘竣工总平面图

1. 编绘竣工总平面图的目的

竣工总平面图是在施工结束后实际情况的全面反映。由于设计总平面图在竣工过程中因需要进行变更,所以设计总平面图不能完全代替竣工总平面图,为此,施工结束后及时应编绘竣工总平面图,其目的为:

(1)由于设计变更,使建筑物与原设计位置、尺寸或构造等有所不同,这种临时变更设计的情况必须通过测量反映到竣工总平面图上;

(2)它将便于日后进行各种设施的维修工作,特别是地下管道等隐蔽工程的检查和维修。

(3)为企业的扩建提供了原有各项建筑物、地上和地下各种管线及测量控制点的坐标、高程等资料。

编绘竣工总平面图,需要在施工过程中收集一切有关的资料,并对资料加以整理,然后及时进行编绘。为此,在建筑物开始施工时应有所考虑和安排。

2. 编绘竣工总平面图的依据

(1)设计总平面图、单位工程平面图、纵横断面图、施工图及施工说明。

(2)施工放样成果、施工检查成果及竣工测量成果。

(3)更改设计的图样、数据、资料(包括设计变更通知单)。

3. 编绘竣工总平面图的步骤、方法

(1)绘制前准备工作

1)确定竣工总平面图的比例尺

建筑物竣工总平面图的比例尺一般为 1/500 或 1/1000。

2)绘制竣工总平面图底图坐标方格网

为了能长期保存竣工资料,竣工总平面图应采用质量较好的图纸,如聚酯薄膜、优质绘图纸等。编绘竣工总平面图,首先要在图纸上精确地绘制出坐标方格网。坐标方格网绘好后,应进行检查。绘制坐标方格网的方法、精度要求与地形测量绘制坐标方格网的方法、精度要求相同。

3)展绘控制点

以底图上绘出的坐标方格网为依据,将施工控制网点按坐标展绘在图纸上。展点对所临近的方格而言,其容许误差为 0.3 cm。

(2)展绘设计总平面图

根据坐标方格网,将设计总平面图的图面内容按其设计坐标,用铅笔展绘于图纸上,作为底图。

(3)展绘竣工总平面图

凡按设计坐标进行定位的工程,应以测量定位资料为依据,按设计坐标(或相对尺寸)和标高展绘;对原设计进行变更的工程,应根据设计变更资料展绘;对凡有竣工测量资料的工程,若竣工测量成果与设计值之比差不超过所规定的定位容许误差时,按设计值展绘,否则按竣工测量资料展绘。

4. 整饰竣工总平面图

1)竣工总平面图的符号应与原设计图的符号一致。有关地形图的图例应使用国家地形图图示符号。

2）对于厂房应使用黑色墨线，绘出该工程的竣工位置，并应在图上注明工程名称、坐标、高程及有关说明。

3）对于各种地上、地下管线，应用各种不同颜色的墨线，绘出其中心位置，并应在图上注明转折点及井位的坐标、高程及有关说明。

4）对于没有进行设计变更的工程，用墨线绘出的竣工位置，应与按设计原图用铅笔绘出的设计位置重合，但其坐标及高程数据与设计值比较可能稍有出入。

随着工程的进展，逐渐在底图上将铅笔线都绘成墨线。

对于直接在现场指定位置进行施工的工程，以固定地物定位施工的工程及多次变更设计而无法查对的工程等，只好进行现场实测，这样测绘出的竣工总平面图，称为实测竣工总平面图。

5．竣工总平面图的附件

为了全面反映竣工成果，便于日后的管理、维修、扩建或改建，与竣工总平面图有关的一切资料，应分类装订成册，作为竣工总平面图的附件保存。

1）建筑场地及其附件的测量控制点布置图及坐标与高程一览表；

2）建筑物或构筑物沉降及变形观测资料；

3）地下管线竣工纵断面图；

4）工程定位、放线检查及竣工测量的资料；

5）设计变更文件及设计变更图；

6）建设场地原始地形图等。

【知识归纳】

1．变形观测的原理与方法。

2．建筑物变形的内容。

3．沉降观测点的布设方法。

4．建筑物位移与裂缝的观测方法。

5．建筑物竣工测量内容与方法。

6．变形监测数据整理与分析。

【达标检测】

1．能依建筑物的具体情况布设基准点和变形点。

2．能针对建筑物进行沉降观测、水平位移观测、倾斜观测、裂缝观测。

3．能对观测获取的数据进行归纳分析，得出变形结果，绘制曲线图，提交监测报告。

【思考与练习】

1．建筑物变形观测的内容有哪些？

2．简述建筑物裂缝观测的方法。

3．建筑物沉降观测时水准基点和沉降观测点布置要求有哪些？如何布置？

4．建筑物竣工测量的内容有哪些？

附 录

附录1 技能抽查标准工程测量模块要求与评分标准

任务：建筑工程测量与放线

建筑工程测量与放线技能操作考核要求与评价标准

考核内容	考核点	权重	考核标准		
			优良分值范围（80～100分）	及格分值范围（60～80分）	不及格分值范围（60分以下）
工程测量放线	放样数据准备	25%	正确识读拔地测量图、总平面图、平面图，制定测量方案，正确使用计数器、软件获取放样数据，正确率在80%以上	能大部分识读拔地测量图、总平面图、平面图，制定测量方案基本合理，基本能正确使用计数器、软件获取放样数据，正确率在60%以上	识读拔地测量图、总平面图、平面图能力差，制定测量方案不合理，使用计数器、软件获取放样数据正确率在60%以下
	建筑物定位放线	50%	依据测量方案，熟练使用测量仪器，按步骤进行建筑物定位放线，正确率在80%以上	依据测量方案，使用测量仪器较熟练，按步骤进行建筑物定位放线，正确率在60%以上	使用测量仪器不熟练，按步骤进行建筑物定位放线，正确率在60%以下
	检核以及报验表格填写	25%	按测量方案对定位建筑物进行检核，正确填写报验资料，正确率在80%以上	按测量方案对定位建筑物进行检核，填写报验资料正确率在60%以上	不能对定位建筑物进行检核，不能正确填写报验资料，正确率在60%以下

附录2 技能抽查工程测量模块试题样例

测量操作技能考核试题1（湖南省职业院校专业技能抽查考试试题）

1. 题目：依据建筑总平面图、一层平面图、施工区控制点进行建筑物定位、放线并完成相关表格的记录。（建筑总平面图、一层平面图、施工区控制点坐标、相关表格附后）

2. 完成时间：6小时。

3. 操作人数：1人（另加辅助人员2人）。

4. 仪器与工具准备：

（1）仪器：全站仪、棱镜、对中杆。

（2）工具：50米钢尺、5米钢卷尺、锤子、木桩、龙门板、钉子若干。

5.检测项目及评分标准：

序号	检测项目	允许偏差	考核标准	标准分 100	得分
1	定位、放线方案制定		制定测量方案合理，符合工程测量规范要求	15	
2	测设数据计算		依据总平面图、一层平面图计算，定位数据计算方法和步骤正确	10	
3	建筑物定位		依据控制点采用全站仪进行坐标放样，仪器操作熟练、方法正确	25	
4	建筑物放线	见后表	依据角点测设细部轴线，设置轴线控制桩	25	
5	检核		建筑物定位点位误差满足工程测量规范要求，建筑物放样轴线偏差满足工程测量规范要求	10	
6	安全文明施工		不遵守安全操作规程、工完场不清或有事故本项无分。施工前准备、施工中工具正确使用，完工后正确维护。	5	
7	工效	规定时间	按规定时间每超过1分钟扣1分	10	
总分					

考生学校： 考生姓名：

评分人： 年 月 日 核分人： 年 月 日

建筑物定位放线方案

制定人： 年 月 日

建筑物定位数据计算成果及定位检核表

点号	设计坐标		实放坐标		X 偏差 /mm	Y 偏差 /mm
	X/m	Y/m	X/m	Y/m		
1						
2						
3						
4						
5						
6						
7						
8						
9						
10						
11						
12						
13						
14						
15						
16						
17						
18						
19						
20						
21						
22						
23						
24						
25						

测设人：　　　　　　　　检核人：　　　　　　　　年　月　日

建筑物施工放样轴线检核表

序号	轴线段	轴线间设计距离/m	轴线间实放距离/m	轴线距离偏差/mm
1				
2				
3				
4				
5				
6				
7				
8				
9				
10				
11				
12				
13				
14				
15				
16				
17				
18				
19				
20				

备注：外轮廓主轴线长度 $L(m)$：$L \leqslant 30$ 允许偏差 $\pm 5(mm)$；$30 < L \leqslant 60$ 允许偏差 $\pm 10(mm)$；$60 < L \leqslant 90$ 允许偏差 $\pm 15(mm)$；$L > 90$ 允许偏差 $\pm 20(mm)$；细部轴线允许偏差 $\pm 2(mm)$

放样人：　　　　　　　　　　　　检核人：　　　　　　　　　　　年　　月　　日

测量操作技能考核试题 2（湖南省职业院校专业技能抽查考试试题）

1. 题目：普通（闭合）水准路线测量，见附图。
2. 完成时间：3 小时。
3. 操作人数：1 人（另加辅助人员 1 人）。
4. 仪器与工具准备：
(1) 仪器：DSZ3 水准仪。
(2) 工具：双面尺 1 把、记录板 1 个。
5. 检测项目及评分标准：

序号	检测项目	标准分100	考核标准	评分标准	得分
1	脚架操作	5	安置脚架的方式正确：左手握住三脚架架头，打开扣带，三腿并在一起，右手松开脚架各个伸缩螺旋，将脚架伸长，脚架平台基本水平。脚架高度与身高相适应：高度约与嘴平齐。	每项操作没有错误，得满分；有误，扣1分/次（每个考核点5分，扣完为止）	
2	仪器拿取	5	取仪器及连接仪器时操作正确：双手配合打开仪器箱扣，右手开箱，左手握住水准仪取出，右手顺手随即将仪器箱关上；左手拿仪器上架，不得松手，右手同时拧紧中心螺旋。收仪器方法正确：左手握水准仪，右手松开制动螺旋，将仪器卸下。水平制动螺旋松开，一步到位放置好仪器，并随手关箱、上扣。		
3	整平	5	采用转动角螺旋的方式粗略整平仪器。圆水准器气泡未超出分划圈		
4	照准目标	5	必须使用粗瞄器找目标；水平制动螺旋、微动螺旋使用正确；对准目标；十字丝清晰。		
5	目标清晰	5	目标清晰，无视差。		
6	读数	5	读数正确		
7	记录计算	20	记录整齐、整洁、字体工整，计算准确，有涂改处涂改规范。	每项操作没有错误，得满分；有误，扣1分/次	
8	成果精度	10	高差闭合差限差：$f_h = \pm 40\sqrt{L}$ mm	没有超过误差得满分；超过5 mm扣2分（该小项10分，扣完为止）	
9	成果整理	20	成果计算准确，填写规范。有涂改处涂改规范。	每项操作没有错误，得满分；有误，扣1分/次	
10	时间	20	3小时内完成得满分，每增加5分钟扣2分（20分，扣完为止）		
总分					

考生学校：　　　　　　　　　　　　　　　　　　考生姓名：

评分人：　　　年　　月　　日　　　　　　　　　核分人：　　　年　　月　　日

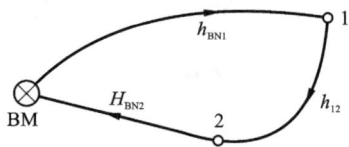

附图

普通水准测量记录表

日期: 　　年　月　日　　天气: 　　　　　仪器型号: 　　　　观测者:

记录者: 　　　　　　　　　立尺者:

测点	水准尺读数/m		高差 h/m		高程/m	备注
	后视 a/m	前视 b/m	+	−		
			——	——		起点高程设为 22.000 m
			——	——		
$\sum$						
计算校核	$\sum a - \sum b =$			$\sum h =$		

水准测量成果整理计算表

点　号	距离/km	观测高差/m	高差改正数/m	改正高差/m	高　程/m	备　注
Σ						
计算						

参考文献

［1］李井永. 建筑工程测量. 武汉：武汉理工大学出版社, 2012

［2］王梅，徐洪峰. 工程测量技术. 北京：冶金工业出版社, 2011

［3］中华人民共和国国家标准. 工程测量规范. 北京：中国计划出版社, 2012

［4］张正绿. 工程测量学. 武汉：武汉大学出版社, 2005

［5］李生平. 建筑工程测量. 北京：高等教育出版社, 2002

［6］王勇智. GPS 测量技术. 北京：中国电力出版社, 2007

［7］覃辉. 建筑工程测量. 北京：中国建筑出版社, 2007

［8］胡伍生，潘庆林等. 土木工程施工测量手册. 北京：人民交通出版社, 2005

［9］杨晓平. 工程监测技术及应用. 北京：中国电力出版社, 2007

图书在版编目（CIP）数据

建筑工程测量／喻艳梅主编. —长沙：中南大学出版社，
2013.2（2023.1 重印）

ISBN 978-7-5487-0790-5

Ⅰ. ①建… Ⅱ. ①喻… Ⅲ. ①建筑测量—高等职业教育—
教材 Ⅳ. ①TU198

中国版本图书馆 CIP 数据核字（2013）第 020849 号

建筑工程测量

喻艳梅　主编

□策划编辑	周兴武
□责任编辑	周兴武
□责任印制	唐　曦
□出版发行	中南大学出版社

　　　　　社址：长沙市麓山南路　　　　邮编：410083

　　　　　发行科电话：0731-88876770　　传真：0731-88710482

| □印　　装 | 长沙创峰印务有限公司 |

□开　　本	787 mm×1092 mm 1/16	□印张 11.75	□字数 293 千字
□版　　次	2013 年 6 月第 1 版	□印次 2023 年 1 月第 6 次印刷
□书　　号	ISBN 978-7-5487-0790-5
□定　　价	38.00 元